U0237636

"中国森林生态系统连续观测与清查及绿色核算"系列丛书

王　兵 ■ 主编

云南省昆明市海口林场

森林生态系统服务功能研究

彭明俊　杨　旭　陈建洪　陈金龙
金智伟　李子光　张传光　牛　香　等 ■ 著

中国林业出版社
China Forestry Publishing House

图书在版编目(CIP)数据

云南省昆明市海口林场森林生态系统服务功能研究 /彭明俊等著. -- 北京：中国林业出版社，2021.9
(“中国森林生态系统连续观测与清查及绿色核算”系列丛书)
ISBN 978-7-5219-1365-1

Ⅰ. ①云… Ⅱ. ①彭… Ⅲ. ①森林生态系统－服务功能－研究－昆明 Ⅳ. ①S718.56

中国版本图书馆CIP数据核字(2021)第194215号

中国林业出版社·林业分社
策划、责任编辑： 于晓文　于界芬

出版发行 中国林业出版社有限公司(100009 北京西城区德内大街刘海胡同7号)
网　　址 http://www.forestry.gov.cn/lycb.html
电　　话 (010) 83143542
印　　刷 河北京平诚乾印刷有限公司
版　　次 2021年9月第1版
印　　次 2021年9月第1次
开　　本 889mm×1194mm　1/16
印　　张 11.5
字　　数 243千字
定　　价 98.00元

《云南省昆明市海口林场森林生态系统服务功能研究》著者名单

项目完成单位：

云南省林业和草原科学院

中国林业科学研究院

中国森林生态系统定位观测研究网络中心（CFERN）

云南省昆明市海口林场

项目首席科学家：

王　兵　中国林业科学研究院

项目首席专家：

彭明俊　云南省林业和草原科学院

项目组成员：

彭明俊　杨　旭　陈建洪　陈金龙　金智伟　李子光　张传光
牛　香　陈　波　严　毅　何银忠　李思广　方贤胜　张立新
王永强　陈光云　李　建　肖艳琼　李云松　刘晓飞　程春利
王　军　尹建华　李　洁　郭倩汝　汤浩藩　朱　倩　段晓瑞
周会玲　赵予溪　贾子薇　熊修文　杨梦莹　刘雪莲　欧绍龙
马宏俊　肖艳红　李素会　李旭东　翟顺兰　韩子亮　杨维雄
陆　刚　王苏化

编写组成员：

彭明俊　杨　旭　陈建洪　陈金龙　金智伟　李子光　张传光
牛　香　陈　波　严　毅　李思广　刘晓飞　程春利

特别提示

1. 本研究依据森林生态系统连续观测与清查体系（简称：森林生态连清），对昆明市海口林场森林生态系统服务功能进行评估，范围包括昆明市海口林场所辖4个营林区。

2. 依据国家标准《森林生态系统服务功能评估规范》（GB/T 38582—2020）针对营林区和优势树种（组）分别开展昆明市海口林场森林生态系统服务功能评估。

3. 评估指标包含保育土壤、林木养分固持、涵养水源、固碳释氧、净化大气环境、林木产品供给、生物多样性保护和森林康养8项功能23项指标，并将昆明市海口林场森林植被滞纳TSP、PM_{10}、$PM_{2.5}$指标进行单独评估。

4. 本研究所采用的数据：①昆明市海口林场森林生态连清数据主要来源于云南滇中高原等森林生态站和辅助观测点的长期监测数据；②昆明市海口林场森林资源连清数据来源于2017年昆明市海口林场森林资源一类和2016年二类调查数据，并更新到2018年的森林资源数据集；③社会公共数据集，主要为我国权威机构所公布的社会公共数据。

5. 本研究中提及的滞尘量是指森林生态系统潜在饱和滞尘量，是基于模拟实验的结果，核算的是林木的最大滞尘量。

6. 凡是不符合上述条件的其他研究结果均不宜与本研究结果简单类比。

前 言

森林生态系统服务功能是指森林生态系统与生态过程所维持人类赖以生存的自然环境条件与效用。其主要的输出形式表现在两方面，即为人类生产和生活所必需的有形的生态产品和保证人类经济社会系统可持续发展、支持人类赖以生存的无形生态环境与社会效益功能。党的十八大以来，以习近平同志为核心的党中央高度重视并大力推进生态文明建设，鲜明地提出了绿色发展理念，强调“绿水青山就是金山银山”“像保护眼睛一样保护生态环境，像对待生命一样对待生态环境”，全面阐述了社会主义生态文明建设的理念、方针、举措，形成了习近平生态文明思想，成为习近平新时代中国特色社会主义思想的重要组成部分。党的十九大报告将“坚持人与自然和谐共生”作为新时代坚持和发展中国特色社会主义的基本方略之一，提出了加快生态文明体制改革、建设美丽中国的总体要求，标志着我们党对人与自然关系、对人类文明发展规律的认识达到了新的高度，对生态文明建设规律的认识达到了新的水平。2021年，习近平总书记在参加全国“两会”内蒙古代表团审议时，对内蒙古大兴安岭森林与湿地生态系统每年6159.74亿元的生态服务价值评估作出肯定，“你提到的这个生态总价值，就是绿色GDP的概念，说明生态本身就是价值。这里面不仅有林木本身的价值，还有绿肺效应，更能带来旅游、林下经济等。‘绿水青山就是金山银山’，这实际上是增值的”。十六年来，习近平总书记在安吉提出的“两山”理论为我国生态文明建设指明了方向。

2009年，基于第七次全国森林资源清查数据的森林生态系统服务评估结果公布，全国生态服务功能价值量为10.01万亿元/年；2014年，国家林业局和国家统计局联合公布了第二期（第八次森林资源清查数据）全国森林生态系统服务功能总价值量为12.68万亿元/年；2021年3月12日，国家林业和草原局、国家统计局联合组织发布了“中国森林资源核算”最新成果（第九次森林资源清查），全国森林生态系统服务价值为15.88万亿元，并首次提出中国森林“全口径碳汇”这一全新理念（即中国森林全口径碳汇=森林资源碳汇+疏林地碳汇+未成林造林地碳汇+非特灌林灌木林碳汇+苗圃地碳汇+荒山灌丛碳汇+城区和乡村绿化散生林木碳汇），我国森林全口径碳汇量为每年4.34亿吨碳当量，中和了2020年全国碳排放量的15.91%。森林生态系统碳汇对我国二氧化碳排放力争2030年前达到峰值、2060年前实现碳中和具有重要作用。近40年间，我国森林生态功能显著增强。其中，固碳量、释氧量和吸收气体污染物量实现了增倍，其他各项功能增长幅度也均在70%以上；2020年正式发布国家标准《森林生态系统服务功能评估规范》(GB/T 38582—2020)，这标志着我国森林生态服务功能评估迈出了新的步伐，对提高人们的环境意识、加强林业建设在国民经济中的主导地位、健全生态效益补偿机制、推进森林资源保育、促进区域可持续发展，准确践行习近平总书记生态文明思想具有十分重要的意义。

根据《全国重要生态系统保护和修复重大工程总体规划（2021—2035年)》中的布局，云南是青藏高原生态屏障区和长江重点生态区（川滇生态屏障区）的重要组成部分，是我国重要的生态安全屏障、战略资源储备基地和高寒生物种质资源宝库，是我国乃至全球维持气候稳定的“生态源”和“气候源”，是中华民族的摇篮和民族发展的重要支撑。昆明市海口林场隶属于昆明市林业和草原局，地处滇中高原核心，滇池西南岸，是滇池水源涵养区和天然生态保护屏障，生态区位十分重要。根据《云南省国土空间规划（2021—2035年)》，要把云南建设成为全国生态文明的排头兵，滇中城市群是规划建设的核心区。1956年，为了绿化荒山，修复当地破坏严重的生态环境，解决滇池螳螂川流域水患问题，经云南省林业厅批准，在两个苗圃及一支造林队的基础上成立了云南省海口国营林场，经过林场几代人的坚守，昔日的荒山变成了绿洲，2018年森林覆盖率达71.24%，林木绿化率高达81.89%，成为昆明主城区及滇池的重要生态屏障，是昆明生态系统的重要组成部分。

为了客观、动态、科学地评估昆明市海口林场森林生态服务功能的物质量和价值量，提高林业在云南省国民经济和社会发展中的地位，昆明市海口林场于2018年自筹资金启动了“昆明市海口林场森林生态系统服务功能及其效益评估”项目，云南省林业和草原科学院作为承担单位，以云南滇中高原森林生态系统国家定位观测研究站（简称滇中高原森林生态站）为技术依托，在中国林业科学研究院的指导下，项目组结合昆明市海口林场现有森林资源，采用森林生态连清体系和分布式测算方法，以2018年的昆明市海口林场森林资源调查更新数据为基础，以中国森林生态系统定位观测研究网络（CFERN）和滇中高原森林生态站多年连续观测数据、国家权威部门发布的公共数据为依据；严格按照国家标准《森林生态系统服务功能评估规范》(GB/T 38582—2020)，选取支持服务、调解服务、供给服务、文化服务4个方面，保育土壤、林木养分固持、涵养水源、固碳释氧、净化大气环境、生物多样性保护、林木产品供给和森林康养8项功能23项指标，从物质量和价值量两方面，首次对昆明市海口林场森林生态系统服务功能进行了核算，本次评估既是一项反映昆明市生态建设成果的工作，也是检验昆明市林业高质量发展最直观和最有效的方法；同时，也对实现"碳达峰和碳中和"战略目标具有重要的支撑作用。

评估结果显示，昆明市海口林场森林生态系统年涵养水源量为0.18亿立方米，年保育土壤量为27.31万吨，年固碳量为1.14万吨，年释氧量为2.67万吨，年滞纳TSP量为13.36万吨。昆明市海口林场森林生态系统服务功能价值量为5.58亿元/年，相当于昆明市2018年GDP总量5206.90亿元（昆明市统计局，2019）的0.11%。

评估结果以直观的货币形式展示了昆明市海口林场森林生态系统为人们提供的服务价值，充分反映了昆明市海口林场生态建设成果，对确定森林在生态环境建设中的主体地位和作用具有非常重要的现实意义，有助于云南省开展生态服务资源负债表的编制工作，推动生态效益科学量化补偿和生态GDP核算体系的构建，进而推进云南省林业向生态、经济、社会三大效益统一的科学发展道路稳步前进，为实现习近平总书记提出的大力推进生态文明建设，努力打造青山常在、绿水长流、空气常新的美丽中国，并对构建生态文明制度、全面建成小康社会、实现中华民族伟大复兴的中国梦不断创造更好的生态条件，帮助人民核算清楚"绿水青山价值多少金山银山"这笔账，揭示了生态环境保护与经济社会发展之间辩证统一的关系，阐明了保护生态环境就是保护生产力、改善生态环境就是发展生产力的道理。坚持"山水林田湖草是生命共同体"的整体系统观，进行整体保护、宏观管控、综合治理，全方位、全地域、全过程开展生态文明建设，增强生态系统循环能力，维护生态平衡。秉持"用最严格制度最严密法治保护生态环境"的法治观，实行源头严防、过程严管、后果严惩，有效解决破坏生态环境问题，巩固蓝天、碧水、净土三大保卫战成果，守护好昆明市的蓝天白云和绿水青山，为生态文明建设书写美丽华章！

受著者水平所限，书中难免有不足和疏漏之处，敬请读者批评指正！

著　者

2021年9月

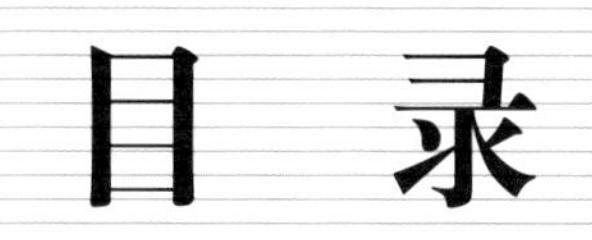

目 录

附 件

附 表

第一章

昆明市海口林场森林生态系统连续观测与清查体系

森林生态系统服务功能全指标连续观测与清查体系（简称森林生态连清体系），它是以生态地理区划为单位，以国家现有森林生态站为依托，采用长期定位观测技术和分布式测算方法，定期对同一森林生态系统进行全指标体系观测与清查的技术（王兵，2015）。它可以配合国家森林资源连续清查，形成国家森林资源清查综合调查新体系，用以评价一定时期内森林生态系统的质量状况，进一步了解森林生态系统的动态变化。同时，森林生态连清技术依托 CFERN 实现了森林生态功能的全面监测，与全国森林资源连清体系相耦合，评估我国森林生态系统服务功能，为帮助树立正确的生态环保理念提供有说服力的数据支持，为健全资源有偿使用和生态补偿制度提供科学依据，为完善资源消耗、环境损害、生态效益的生态文明绩效评价考核和责任追究制度实现精准追责和激励机制提供数据基础，为推进生态文明建设和绿色低碳发展提供数据支撑。

昆明市海口林场森林生态系统服务功能评估采用昆明市海口林场森林生态连清体系（图 1-1）。昆明市海口林场森林生态连清体系依托国家现有森林生态系统国家定位观测研究站（简称森林生态站）和该区域其他辅助监测点（长期固定实验点以及辅助监测样地），采用长期定位观测和分布式测算方法，对昆明市海口林场森林生态系统服务进行全指标体系观测与清查，并与昆明市海口林场森林资源连清数据相耦合，评估昆明市海口林场森林生态系统服务功能，进一步了解其森林生态系统服务功能的动态变化。

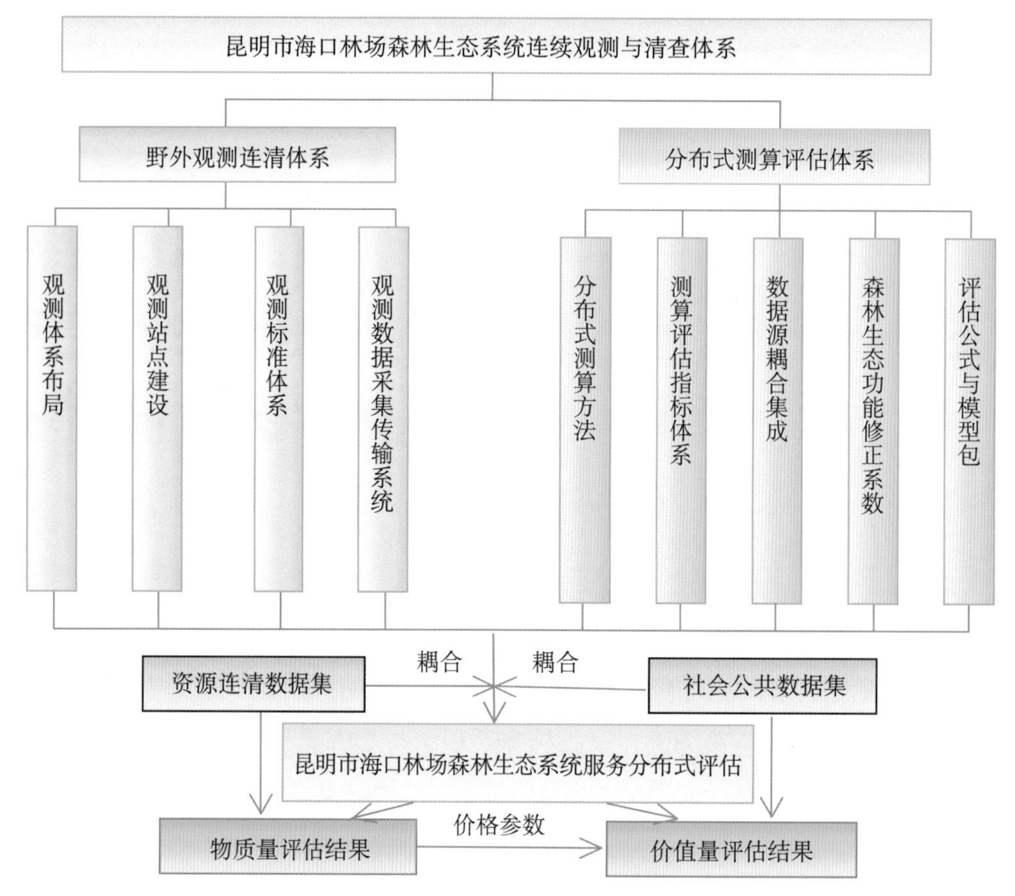

图 1-1　昆明市海口林场森林生态系统连续观测与清查体系框架

第一节　野外观测技术体系

一、昆明市海口林场森林生态系统服务监测布局与建设

野外观测技术体系是构建昆明市海口林场森林生态连清体系的重要基础，为了做好这一基础工作，需要考虑如何构架观测体系布局。国家森林生态站与昆明市海口林场森林生态系统所处同一生态监测区域内各类林业监测点作为昆明市海口林场森林生态系统服务监测的两大平台，在建设时坚持"统一规划、统一布局、统一建设、统一规范、统一标准、资源整合、数据共享"原则。

森林生态站网络布局是以典型抽样为指导思想，以全国水热分布和森林立地情况为布局基础，选择具有典型性、代表性和层次性明显的区域完成森林生态网络布局。首先，依据《中国森林立地区划图》和《中国地理区域系统》两大区划体系完成中国森林生态分区，并将其作为森林生态站网络布局区划的基础。同时，结合重点生态功能区、生物多样性优先保护区，量化并确定我国重点森林生态站的布局区域。最后，将中国森林生态区和重点森林生态站布局区域相结合，作为森林生态站的布局依据，确保每个森林生态区内至少有一个森林

生态站，区内如有重点生态功能区，则优先布设森林生态站。

由于自然条件、社会经济发展状况等不尽相同，因此在监测方法和监测指标上应各有侧重。为了保证监测精度和获取足够的监测数据，需要对其中每个区域进行长期定位监测。依据云南省森林生态系统服务监测站的建设，首先要考虑其在区域上的代表性，选择能代表该区域主要优势树种（组），且能表征土壤、水文及生境等特征，交通、水电等条件相对便利的典型植被区域。为此，项目组进行了大量的前期工作，包括科学规划、站点设置、野外实验数据采集、室内实验分析、合理性评估等。

森林生态站作为昆明市海口林场森林生态系统服务监测站，在昆明市海口林场森林生态系统服务评估中发挥着极其重要的作用，主站址位于昆明市海口林场的滇中高原森林生态站为本研究提供了主要生态连清数据，玉溪森林生态站为本研究提供了部分生态连清数据。此外，在昆明市境内以及周边地区还有一系列的辅助站点和实验样地，主要为云南省林业和草原科学院、云南大学等科研院所在昆明市及周边地区建立的实验样地（图 1-2）。

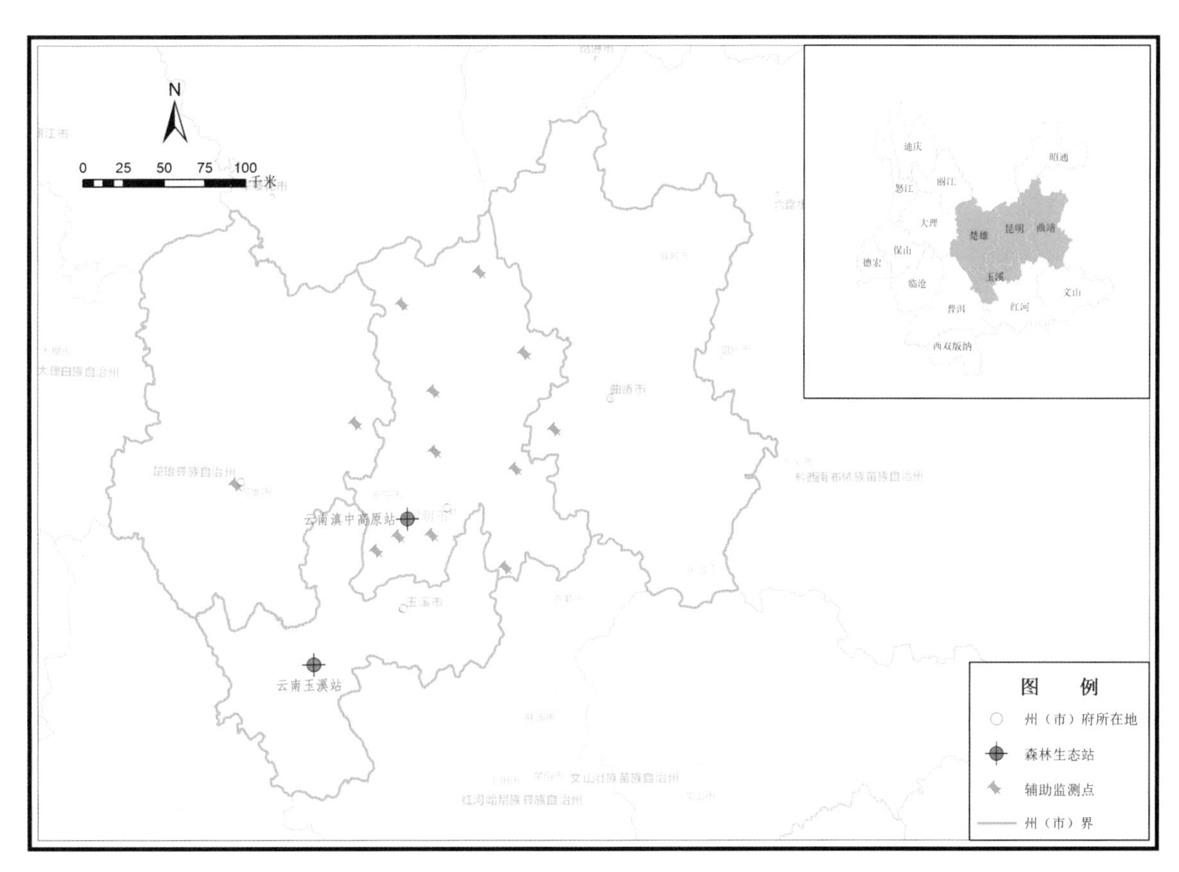

图 1-2　昆明市海口林场所在区域（滇中高原地区）**森林生态站及辅助监测点分布**

目前，滇中高原区域森林生态站和辅助点在布局上能够充分体现区位优势和地域特色，兼顾了森林生态站布局在国家和地方等层面的典型性和重要性，已形成层次清晰、代表性强的生态站网，可以负责相关站点所属区域的森林生态连清工作，同时对昆明市海口林场森林生态长期监测也起到了重要的服务作用（图 1-3、表 1-1）。

借助以上森林生态站以及辅助监测点，可以满足昆明市海口林场森林生态系统服务监测和科学研究需求。随着政府对生态环境建设形势认识的不断发展，必将建立起完备的森林生态系统服务监测体系，为科学全面地评估昆明市海口林场、昆明市乃至云南省林业建设成效奠定坚实的基础。同时，通过各森林生态系统服务监测站点长期、稳定地发挥作用，必将为健全和完善国家生态监测网络，特别是构建完备的林业及其生态建设监测评估体系作出重大贡献。

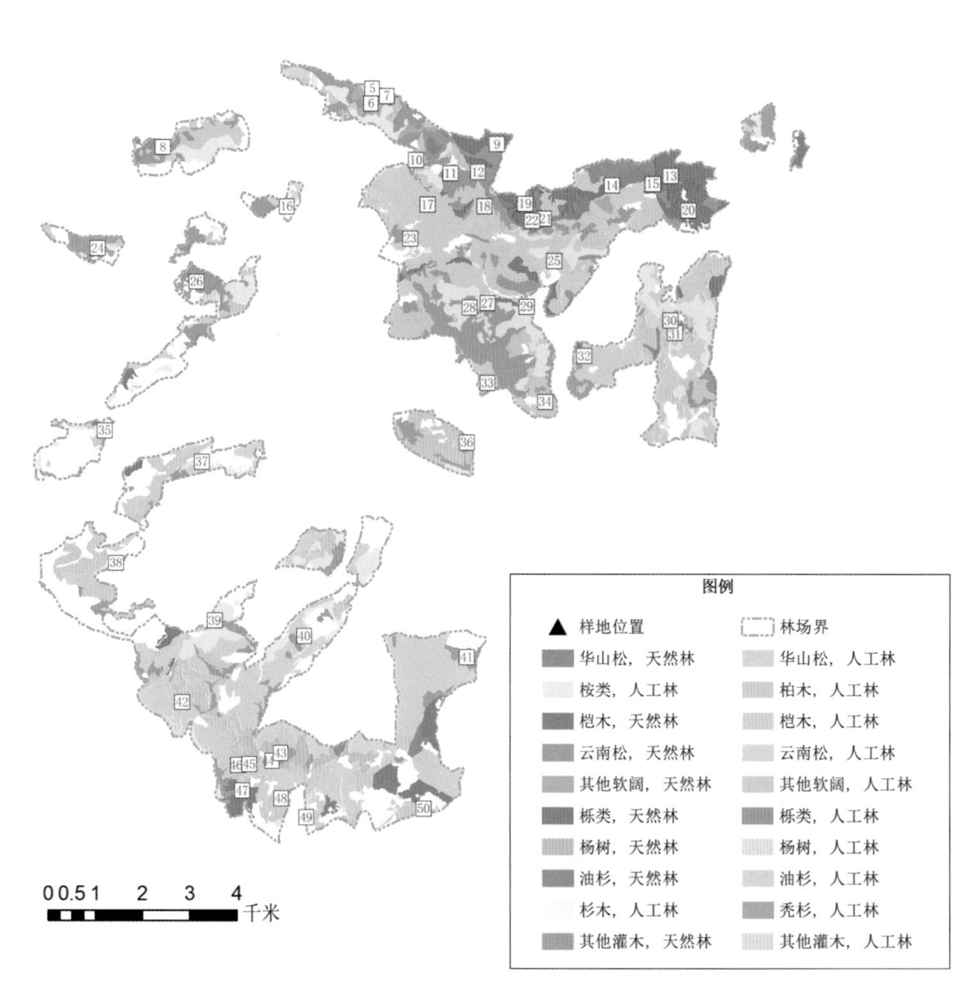

图 1-3　昆明市海口林场森林生态系统服务监测样地分布

表 1-1　昆明市海口林场森林生态系统服务监测样地信息

编号	海拔（米）	坡向	坡位	树种	龄组	起源	纬度（N）	经度（E）
1	1963	东南	上	桉类	过熟林	人工林	24°55'53.17"	102°33'30.35"
2	1960	东南	中	桉类	成熟林	人工林	24°55'46.89"	102°32'54.95"
3	1921	东	中	油杉	成熟林	人工林	24°55'17.03"	102°32'25.67"
4	1912	东南	中	桉类	成熟林	人工林	24°55'9.86"	102°32'47.24"
5	1927	西	下	杨树	幼龄林	人工林	24°51'50.58"	102°32'33.14"
6	1924	北	中	其他软阔	幼龄林	天然林	24°51'48.05"	102°32'31.44"
7	1928	东	下	栎类	幼龄林	天然林	24°51'47.51"	102°32'43.97"
8	1945	北	中	油杉	近熟林	天然林	24°51'10.24"	102°29'53.48"
9	1925	西北	中	栎类	中龄林	天然林	24°51'16.28"	102°34'8.23"
10	1979	西北	中	其他软阔	成熟林	人工林	24°51'4.60"	102°33'7.12"
11	2053	北	下	云南松	中龄林	天然林	24°50'56.17"	102°33'33.43"
12	2067	西南	下	其他软阔	近熟林	人工林	24°50'57.50"	102°33'54.09"
13	2028	西北	上	栎类	中龄林	天然林	24°50'57.34"	102°36'18.68"
14	2165	北	上	桤木	中龄林	天然林	24°50'50.22"	102°35'35.16"
15	2070	西北	上	油杉	中龄林	天然林	24°50'51.72"	102°36'5.66"
16	1913	南	上	其他灌木		人工林	24°50'32.09"	102°31'29.36"
17	2094	东北	上	华山松	中龄林	人工林	24°50'35.03"	102°33'16.47"
18	2115	北	中	华山松	成熟林	人工林	24°50'34.64"	102°33'59.76"
19	2151	东北	中	桤木	幼龄林	天然林	24°50'36.95"	102°34'30.07"
20	1973	西	中	栎类	幼龄林	天然林	24°50'34.58"	102°36'32.85"
21	2204	西北	上	华山松	幼龄林	天然林	24°50'27.13"	102°34'44.25"
22	2183	东北	上	秃杉	近熟林	人工林	24°50'25.76"	102°34'35.47"
23	1981	北	中	华山松	中龄林	人工林	24°50'12.15"	102°33'4.15"
24	2091	南	中	其他灌木		天然林	24°50'1.70"	102°29'5.70"
25	2210	西南	中	华山松	近熟林	人工林	24°49'59.07"	102°34'52.37"
26	2014	东北	中	云南松	幼龄林	天然林	24°49'40.61"	102°30'20.84"
27	2069	西北	中	其他软阔	中龄林	人工林	24°49'29.86"	102°34'3.22"
28	2174	东	下	桉类	幼龄林	人工林	24°49'26.50"	102°33'49.40"
29	2158	东	中	桉类	中龄林	人工林	24°49'21.35"	102°34'29.17"
30	2025	西	中	柏木	中龄林	人工林	24°49'11.22"	102°36'8.71"
31	2038	东北	上	云南松	近熟林	人工林	24°49'12.21"	102°36'24.01"
32	1960	西	中	云南松	成熟林	人工林	24°48'55.81"	102°35'16.69"
33	2081	西	下	云南松	中龄林	人工林	24°48'36.41"	102°34'4.47"
34	1970	东	中	柏木	中龄林	人工林	24°48'24.63"	102°34'47.64"
35	2022	东北	上	桤木	成熟林	人工林	24°47'59.65"	102°29'13.51"
36	2040	东南	上	柏木	近熟林	人工林	24°47'56.22"	102°33'49.07"

（续）

编号	海拔（米）	坡向	坡位	树种	龄组	起源	纬度（N）	经度（E）
37	2036	南	上	桉类	近熟林	人工林	24°47'39.00"	102°30'22.91"
38	2165	东南	上	桉类	中龄林	人工林	24°45'43.01"	102°30'35.71"
39	2094	东北	下	桉类	近熟林	人工林	24°45'44.59"	102°31'48.37"
40	2126	西	下	华山松	近熟林	人工林	24°45'32.33"	102°33'12.74"
41	2137	北	中	云南松	中龄林	天然林	24°45'32.54"	102°33'52.10"
42	2239	南	下	华山松	幼龄林	人工林	24°44'58.65"	102°30'15.13"
43	2178	西北	下	杉木	近熟林	人工林	24°44'59.18"	102°30'45.73"
44	2373	北	上	杨树	中龄林	天然林	24°44'25.90"	102°31'31.45"
45	2353	南	上	桤木	近熟林	人工林	24°44'20.50"	102°31'24.60"
46	2277	东北	上	杨树	成熟林	天然林	24°44'18.00"	102°31'6.66"
47	2241	西	上	华山松	成熟林	人工林	24°44'17.34"	102°30'58.15"
48	2222	西南	下	桤木	近熟林	天然林	24°44'0.28"	102°31'1.48"
49	2310	东	下	桤木	中龄林	人工林	24°43'55.65"	102°31'32.32"
50	2232	南	中	柏木	幼龄林	人工林	24°43'50.72"	102°33'21.40"

二、昆明市海口林场森林生态连清监测评估标准体系

昆明市海口林场森林生态连清监测评估所依据的标准体系包括从森林生态系统服务监测站点建设到观测指标、观测方法、数据管理乃至数据应用各个阶段的标准（图 1-4）。昆明市海口林场森林生态系统服务监测站点建设、观测指标、观测方法、数据管理及数据应用的标准化保证了不同站点提供昆明市海口林场森林生态连清数据的准确性和可比性，为昆明市海口林场森林生态系统服务评估的顺利推进提供了保障。

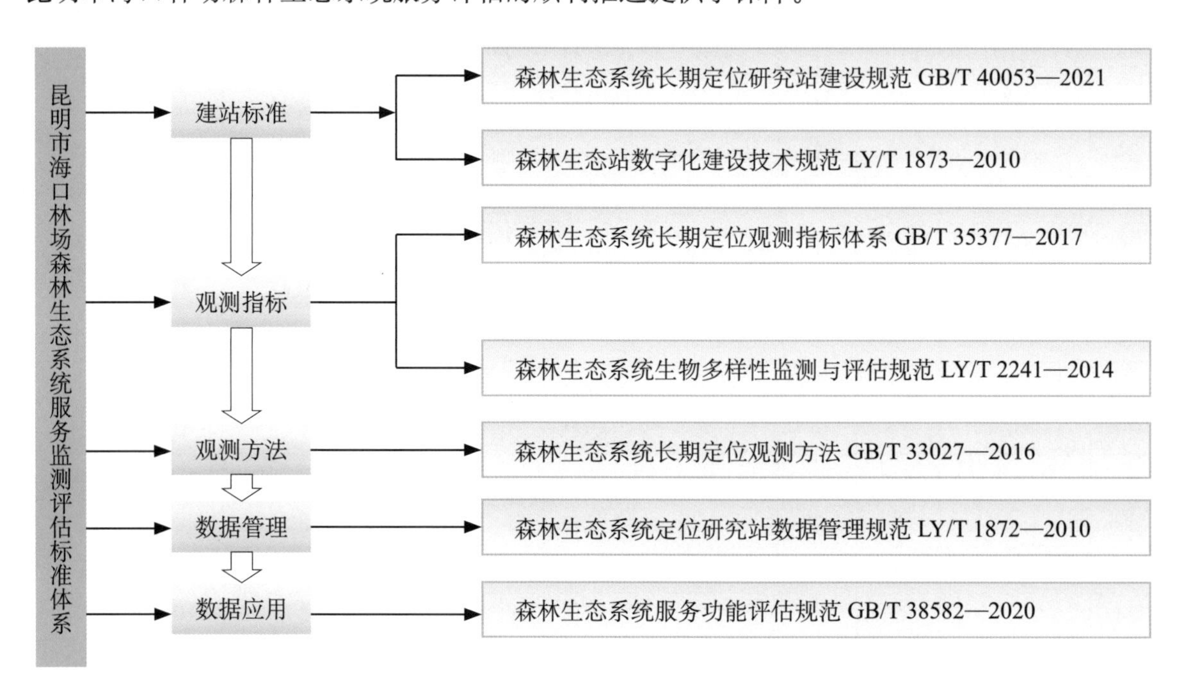

图 1-4 昆明市海口林场森林生态系统服务监测评估标准体系

第二节　分布式测算评估体系

一、分布式测算方法

分布式测算源于计算机科学，是研究如何把一项整体复杂的问题分割成相对独立运算的单元，并将这些单元分配给多个计算机进行处理，最后将计算结果综合起来，统一合并得出结论的一种科学计算方法（Hagit Attiya，2008）。

分布式测算已经被用于世界各地成千上万位志愿者计算机的闲置计算能力，来解决复杂的数学问题，如 GIMPS 搜索梅森素数的分布式网络计算和研究寻找最为安全的密码系统如 RC4 等，这些项目都很庞大，需要惊人的计算量。而分布式测算就是研究如何把一个需要非常巨大计算能力才能解决的问题分成许多小的部分，然后把这些部分分配给许多计算机进行处理，最后把这些计算结果综合起来得到最终的结果。随着科学的发展，分布式计算已成为一种廉价的、高效的、维护方便的计算方法。

森林生态系统服务功能的测算是一项非常庞大、复杂的系统工程，很适合划分成多个均质化的生态测算单元开展评估（Niu et al.，2013）。因此，分布式测算方法是目前评估森林生态系统服务所采用的一种较为科学有效的方法，通过诸多森林生态系统服务功能评估案例也证实了分布式测算方法能够保证结果的准确性及可靠性（牛香等，2012）。

基于分布式测算方法评估昆明市海口林场森林生态系统服务功能的具体思路：首先将昆明市海口林场按管理关系区划分为宽地坝营林区、山冲营林区、中宝营林区、妥乐营林区 4 个一级测算单元；每个一级测算单元又按不同优势树种（组）划分成华山松、桉类、桤木、云南松、柏木、其他软阔、栎类、杨树、油杉、杉木、秃杉、阔叶混交林、针叶混交林、针阔混交林和灌木林组 15 个二级测算单元；每个二级测算单元按照不同起源划分为天然林和人工林 2 个三级测算单元；每个三级测算单元再按龄组划分为幼龄林、中龄林、近熟林、成熟林、过熟林 5 个四级测算单元，再结合不同立地条件的对比观测，最终确定了 157 个相对均质化的生态服务功能评估单元（图 1-5）。

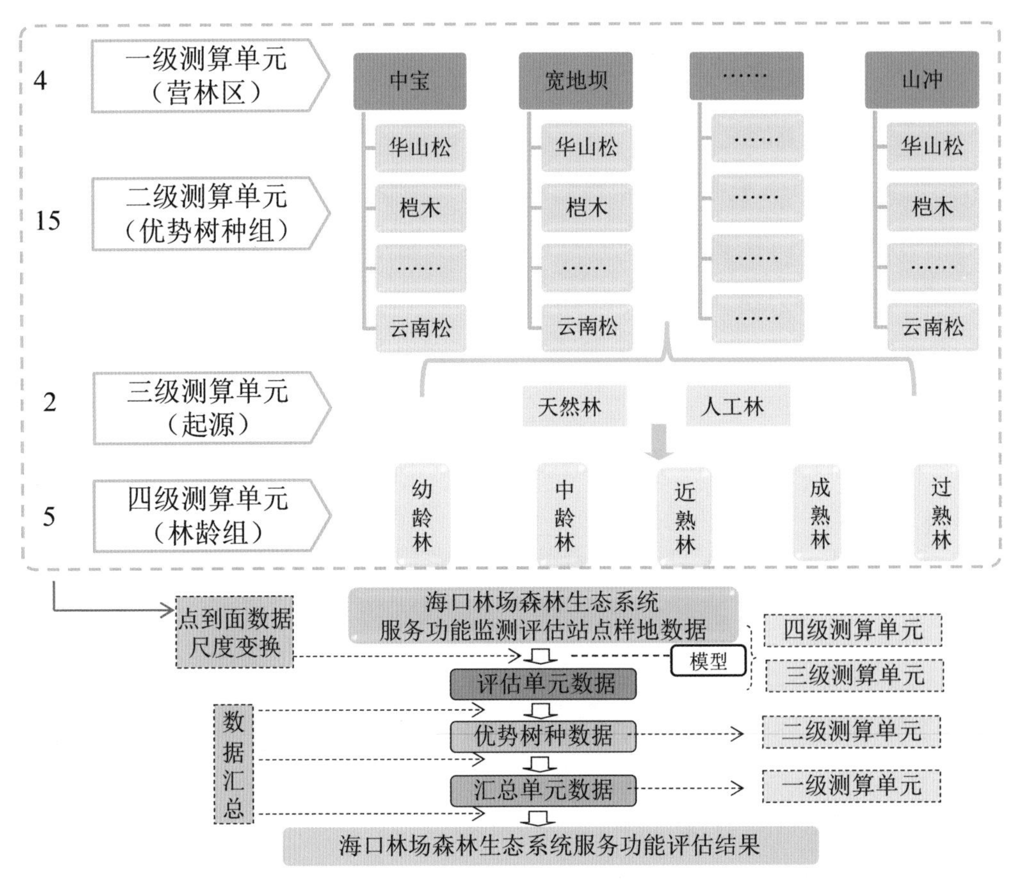

图 1-5 昆明市海口林场森林生态系统服务评估分布式测算方法

基于生态系统尺度的生态服务功能定位实测数据，运用遥感反演、过程机理模型等先进技术手段，进行由点到面的数据尺度转换，将点上实测数据转换至面上测算数据，即可得到各生态服务功能评估单元的测算数据。将各生态服务功能评估单元的测算数据逐级累加，即可得到昆明市海口林场森林生态系统服务功能的最终评估结果。

二、监测评估指标体系

森林是陆地生态系统的主体，其生态系统服务体现在生态系统和生态过程所形成的有利于人类生存与发展的生态环境条件与效用。如何真实地反映森林生态系统服务的效果，监测评估指标体系的建立非常重要。

在满足代表性、全面性、简明性、可操作性以及适应性等原则的基础上，通过总结近年的工作及研究经验，本次评估选取的测算评估指标体系主要包括保育土壤、林木养分固持、涵养水源、固碳释氧、净化大气环境、生物多样性保护、林木产品供给和森林康养 8 项功能 23 项指标（图 1-6）。其中，降低噪音等指标的测算方法尚未成熟，因此本研究未涉及它们的功能评估。基于相同原因，在吸收气体污染物指标中不涉及吸收重金属的功能评估。

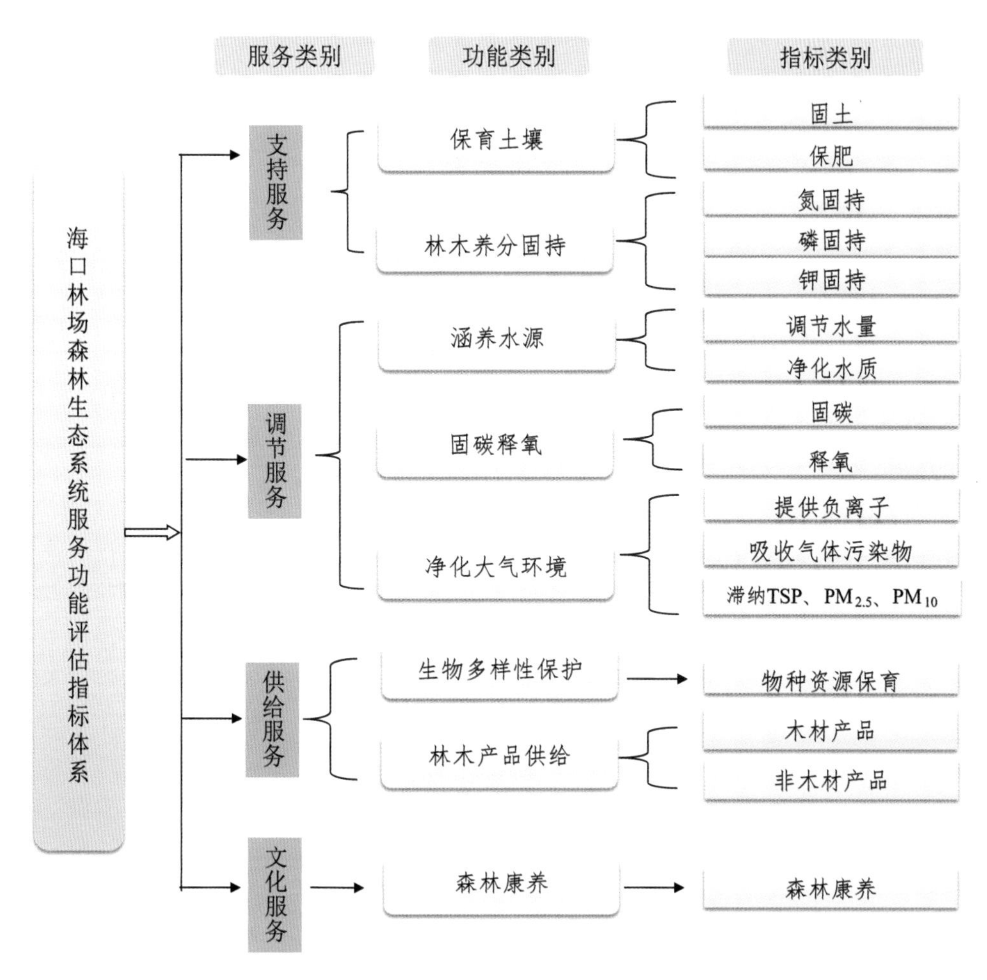

图 1-6　昆明市海口林场森林生态连清监测评估标准体系

三、数据来源与集成

昆明市海口林场森林生态连清评估分为物质量和价值量两大部分。物质量评估所需数据来源于云南省滇中高原和玉溪森林生态系统定位研究站的森林生态监测数据集及 2016 年昆明市海口林场森林资源二类调查更新到 2018 年数据集；价值量评估所需数据除以上两个来源外，还包括社会公共数据集，其主要来源于我国权威机构所公布的社会公共数据（图 1-7）。

资源连清数据集	• 林分面积 林分蓄积量年增长量 林分采伐消耗量
生态连清数据集	•年降水量 林分蒸散量 非林区降水量 无林地蒸发散 森林土壤侵蚀模数 无林地土壤侵蚀模数 土壤容重 土壤含氮量 土壤有机质含量 土层厚度 土壤含钾量 泥沙容重 生物多样性指数 蓄积/生物量 吸收二氧化硫能力 吸收氟化物能力 滞尘能力 木材密度
社会公共数据集	•水库库容造价 水质净化费用 挖取单位面积土方费用 磷酸二铵含氮量 磷酸二铵含磷量 氯化钾含钾量 磷酸二铵化肥价格 氯化钾化肥价格 有机质价格 固碳价格 制造氧气价格 负氧离子产生费用 二氧化硫治理费用 氟化物治理费用 氮氧化物治理费用 降尘清理费用 炭黑尘污染收费标准 大气污染收费标准 排污收费标准

图 1-7 数据来源与集成

主要的数据来源包括以下三部分：

1. 昆明市海口林场森林生态连清数据集

昆明市海口林场森林生态连清数据来源包括两个：一是依据国家标准《森林生态系统定位观测指标体系》(GB/T 35377—2017) 和《森林生态系统长期定位观测方法》(GB/T 33027—2016)，云南省林业和草原科学院在昆明市海口林场开展的森林生态连清获取的数据集；二是来源于中国森林生态系统定位观测研究网络（CFERN）覆盖昆明市海口林场所在生态区及其周边区域的森林生态站和辅助观测点的长期监测数据。

2. 昆明市海口林场森林资源连清数据集

依据国家标准《森林资源规划设计调查技术规程》(GB/T 26424—2010) 和《土地利用现状分类》(GB/T 21010—2007)，由云南省林业调查规划院提供的 2018 年昆明市海口林场森林资源调查更新数据。

3. 社会公共数据集

社会公共数据来源于我国权威机构所公布的社会公共数据（附表 3），包括《中国水利年鉴》、《中华人民共和国水利部水利建筑工程预算定额》、中国农业信息网（http://www.agri.gov.cn/）、卫生部网站（http://wsb.moh.gov.cn/）、中华人民共和国环境保护税法中《环境保护税税目税额表》、昆明市物价局网站等。

四、森林生态功能修正系数

在野外数据观测中，研究人员仅能够得到观测站点附近的实测生态数据，对于无法实地观测到的数据，则需要一种方法对已经获得的参数进行修正，因此引入了森林生态功能修正系数（Forest Ecological Function Correction Coefficient，简称 FEF-CC）。FEF-CC 指评估林分生物量和实测林分生物量的比值，它反映森林生态系统服务评估区域森林的生态质量状况，还可以通过森林生态功能的变化修正森林生态服务的变化。

森林生态系统服务价值的合理测算对绿色国民经济核算具有重要意义，社会进步程度、经济发展水平、森林资源质量等对森林生态系统服务均会产生一定影响，而森林自身结构和功能状况则是体现森林生态系统服务可持续发展的基本前提。"修正"作为一种状态，表明系统各要素之间具有相对"融洽"的关系。当用现有的野外实测值不能代表同一生态单元同一目标优势树种（组）的结构或功能时，就需要采用森林生态功能修正系数客观地从生态学精度的角度反映同一优势树种（组）在同一区域的真实差异。其理论公式如下：

$$\mathrm{FEF-CC}=\frac{B_e}{B_o}=\frac{\mathrm{BEF}\times V}{B_o} \tag{1-1}$$

式中：FEF－CC——森林生态功能修正系数；

B_e——评估林分的生物量（千克/立方米）；

B_o——实测林分的生物量（千克/立方米）；

BEF——蓄积量与生物量的转换因子；

V——评估林分的蓄积量（立方米）。

实测林分的生物量可以通过森林生态连清的实测手段来获取，而评估林分的生物量在昆明市海口林场森林资源二类调查结果中还没有完全统计。因此，通过评估林分蓄积量和生物量转换因子，测算评估林分的生物量（方精云等，1996，1998，2001）。

五、贴现率

昆明市海口林场森林生态系统服务功能价值量评估中，由物质量转价值量时，部分价格参数并非评估年价格参数，因此需要使用贴现率（Discount Rate）将非评估年价格参数换算为评估年份价格参数以计算各项功能价值量的现价。

昆明市海口林场森林生态系统服务功能价值量评估中所使用的贴现率指将未来现金收益折合成现在收益的比率。贴现率是一种存贷款均衡利率，利率的大小，主要根据金融市场利率来决定，其计算公式如下：

$$t=(D_r+L_r)/2 \tag{1-2}$$

公式中：t——存贷款均衡利率（%）；

D_r——银行的平均存款利率（%）；

L_r——银行的平均贷款利率（%）。

贴现率利用存贷款均衡利率，将非评估年份价格参数，逐年贴现至评估年的价格参数。贴现率的计算公式如下：

$$d=(1+t_{n+1})(1+t_{n+2})\cdots(1+t_m) \tag{1-3}$$

式中：d——贴现率；

t——存贷款均衡利率（%）；

n——价格参数可获得年份（年）；

m——评估年年份（年）。

六、核算公式与模型包

（一）保育土壤功能

森林凭借庞大的树冠、深厚的枯枝落叶层及强壮且成网络的根系截留大气降水，减少或避免雨滴对土壤表层的直接冲击，有效地固持土体，降低了地表径流对土壤的冲蚀，使土壤流失量大大降低。而且森林的生长发育及其代谢产物不断对土壤产生物理及化学影响，参与土体内部的能量转换与物质循环，使土壤肥力提高，森林凋落物是土壤养分的主要来源之一（图 1-8）。为此，本研究选用 2 个指标，即固土指标和保肥指标，以反映森林保育土壤功能。

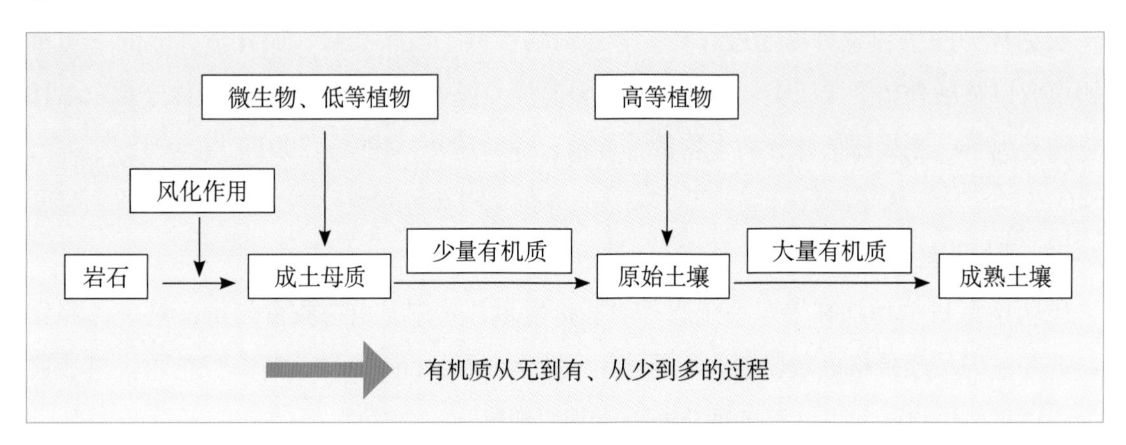

图 1-8　植被对土壤形成的作用

1. 固土指标

因为森林的固土功能是从地表土壤侵蚀程度表现出来的，所以可通过无林地土壤侵蚀程度和有林地土壤侵蚀程度之差来估算森林的固土量。该评估方法是目前国内外多数人使用并认可的。例如，日本在 1972 年、1978 年和 1991 年评估森林防止土壤泥沙侵蚀效能时，都采用了有林地与无林地之间侵蚀对比方法来计算。

（1）年固土量。林分年固土量公式如下：

$$G_{固土}=A\cdot(X_2-X_1)\cdot F \tag{1-4}$$

式中：$G_{固土}$——实测林分年固土量（吨/年）；

X_1——有林地土壤侵蚀模数［吨/（公顷·年）］；

X_2——无林地土壤侵蚀模数［吨/（公顷·年）］；

A——林分面积（公顷）；

F——森林生态功能修正系数。

（2）年固土价值。由于土壤侵蚀流失的泥沙淤积于水库中，减少了水库蓄积水的体积，因此本研究根据蓄水成本（替代工程法）计算林分年固土价值，公式为：

$$U_{固土}=A\cdot C_{土}\cdot(X_2-X_1)\cdot F\cdot d/\rho \tag{1-5}$$

式中：$U_{固土}$——实测林分年固土价值（元/年）；

X_1——有林地土壤侵蚀模数［吨/（公顷·年）］；

X_2——无林地土壤侵蚀模数［吨/（公顷·年）］；

$C_{土}$——挖取和运输单位体积土方所需费用（元/立方米，附表5）；

ρ——土壤容重（克/立方厘米）；

A——林分面积（公顷）；

F——森林生态功能修正系数；

d——贴现率。

2. 保肥指标

林木的根系可以改善土壤结构、孔隙度和通透性等物理性状，有助于土壤形成团粒结构。在养分循环过程中，枯枝落叶层不仅减小了降水的冲刷和径流，而且还是森林生态系统归还的主要途径，可以增加土壤有机质、营养物质（氮、磷、钾等）和土壤碳库的积累，提高土壤肥力，起到保肥的作用。土壤侵蚀带走大量的土壤营养物质，根据氮、磷、钾等养分含量和森林减少的土壤损失量，可以估算出森林每年减少的养分流失量。因土壤侵蚀造成了氮、磷、钾大量流失，使土壤肥力下降，通过计算年固土量中氮、磷、钾的数量，再换算为化肥价格即为森林年保肥价值。

（1）年保肥量。林分年保肥量计算公式：

$$G_{N}=A\cdot N\cdot(X_2-X_1)\cdot F \tag{1-6}$$

$$G_{P}=A\cdot P\cdot(X_2-X_1)\cdot F \tag{1-7}$$

$$G_{K}=A\cdot K\cdot(X_2-X_1)\cdot F \tag{1-8}$$

$$G_{有机质}=A\cdot M\cdot(X_2-X_1)\cdot F \tag{1-9}$$

式中：G_N——森林固持土壤而减少的氮流失量（吨/年）；

G_P——森林固持土壤而减少的磷流失量（吨/年）；

G_K——森林固持土壤而减少的钾流失量（吨/年）；

$G_{有机质}$——因固持土壤而减少的有机质流失量（吨/年）；

X_1——有林地土壤侵蚀模数［吨/（公顷·年)］；

X_2——无林地土壤侵蚀模数［吨/（公顷·年)］；

N——森林土壤平均含氮量（%）；

P——森林土壤平均含磷量（%）；

K——森林土壤平均含钾量（%）；

M——森林土壤平均有机质含量（%）；

A——林分面积（公顷）；

F——森林生态功能修正系数。

（2）年保肥价值。年固土量中氮、磷、钾的数量换算成化肥即为林分年保肥价值。本研究的林分年保肥价值以固土量中的氮、磷、钾数量折合成磷酸二铵化肥和氯化钾化肥的价值来体现。公式如下：

$$U_{肥}=A\cdot(X_2-X_1)\cdot(\frac{N\cdot C_1}{R_1}+\frac{P\cdot C_1}{R_2}+\frac{K\cdot C_2}{R_3}+M\cdot C_3)\cdot F\cdot d \tag{1-10}$$

式中：$U_{肥}$——实测林分年保肥价值（元/年）；

X_1——有林地土壤侵蚀模数［吨/（公顷·年)］；

X_2——无林地土壤侵蚀模数［吨/（公顷·年)］；

N——森林土壤平均含氮量（%）；

P——森林土壤平均含磷量（%）；

K——森林土壤平均含钾量（%）；

M——森林土壤平均有机质含量（%）；

R_1——磷酸二铵化肥含氮量（%，附表5）；

R_2——磷酸二铵化肥含磷量（%，附表5）；

R_3——氯化铵化肥含钾量（%，附表5）；

C_1——磷酸二铵化肥价格（元/吨，附表5）；

C_2——氯化钾化肥价格（元/吨，附表5）；

C_3——有机质价格（元/吨，附表5）；

A——林分面积（公顷）；

F——森林生态功能修正系数；

d——贴现率。

（二）林木养分固持功能

森林植被不断从周围环境吸收营养物质固定在植物体中，成为全球生物化学循环不可缺少的环节。本研究选用林木固持氮、磷、钾指标来反映林木养分固持功能。

1. 林木年养分固持量

树木年固持氮、磷、钾量公式如下：

$$G_{氮}=A\cdot N_{营养}\cdot B_{年}\cdot F \tag{1-11}$$

$$G_{磷}=A\cdot P_{营养}\cdot B_{年}\cdot F \tag{1-12}$$

$$G_{钾}=A\cdot K_{营养}\cdot B_{年}\cdot F \tag{1-13}$$

式中：$G_{氮}$——植被氮固持量（吨/年）；

$G_{磷}$——植被磷固持量（吨/年）；

$G_{钾}$——植被钾固持量（吨/年）；

$N_{营养}$——林木的氮元素含量（%）；

$P_{营养}$——林木的磷元素含量（%）；

$K_{营养}$——林木的钾元素含量（%）；

$B_{年}$——实测林分年净生产力［吨/（公顷·年）］；

A——林分面积（公顷）；

F——森林生态功能修正系数。

2. 林木养分固持价值

采取把营养物质折合成磷酸二铵化肥和氯化钾化肥方法计算林木营养积累价值，计算公式如下：

$$U_{营养}=A\cdot B\cdot\left(\frac{N_{营养}\cdot C_1}{R_1}+\frac{P_{营养}\cdot C_1}{R_2}+\frac{K_{营养}\cdot C_2}{R_3}\right)\cdot F\cdot d \tag{1-14}$$

式中：$U_{营养}$——实测林分固持氮、磷、钾价值（元/年）；

$N_{营养}$——实测林木氮元素含量（%）；

$P_{营养}$——实测林木磷元素含量（%）；

$K_{营养}$——实测林木钾元素含量（%）；

R_1——磷酸二铵含氮量（%，附表5）；

R_2——磷酸二铵含磷量（%，附表5）；

R_3——氯化钾含钾量（%，附表5）；

C_1——磷酸二铵化肥价格（元/吨，附表5）；

C_2——氯化钾平化肥价格（元/吨，附表5）；

B——实测林分年净生产力［吨/（公顷·年），附表5］；

A——林分面积（公顷）；

F——森林生态功能修正系数；

d——贴现率。

（三）涵养水源功能

森林涵养水源功能主要是指森林对降水的截留、吸收和贮存，将地表水转为地表径流或地下水的作用（图1-9）。本研究选定调节水量指标和净化水质2个指标，以反映森林的涵养水源功能。

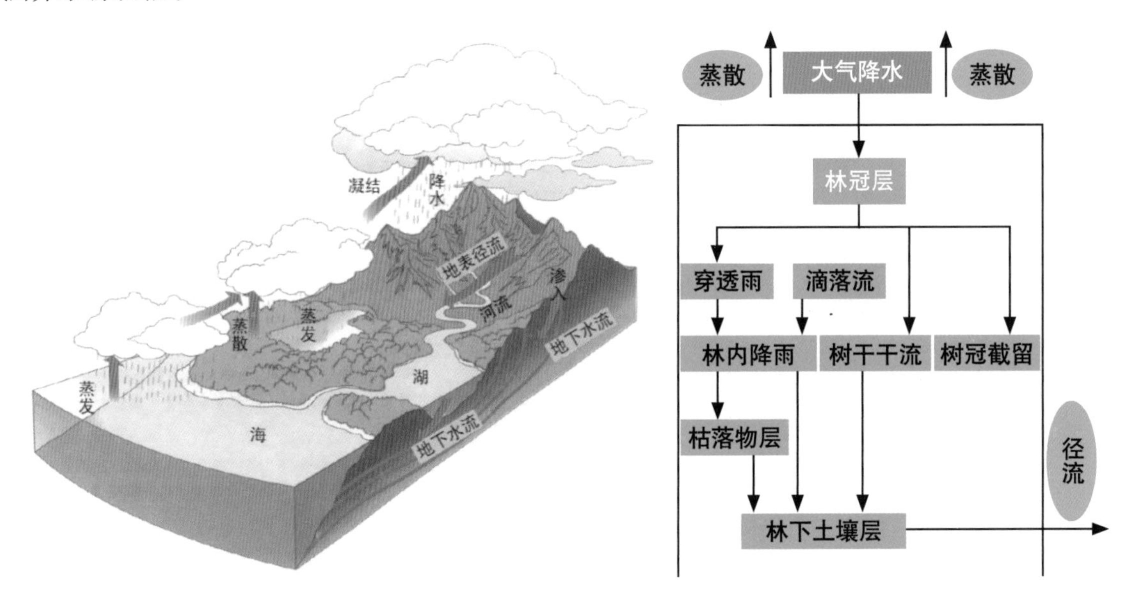

图1-9　全球水循环及森林对降水的再分配示意

1. 调节水量指标

（1）年调节水量。森林生态系统年调节水量公式如下：

$$G_{调}=10A\cdot(P-E-C)\cdot F \tag{1-15}$$

式中：$G_{调}$——实测林分年调节水量（立方米/年）；

P——实测林外降水量（毫米/年）；

E——实测林分蒸散量（毫米/年）；

C——实测地表快速径流量（毫米/年）；

A——林分面积（公顷）；

F——森林生态功能修正系数。

（2）年调节水量价值。由于森林对水量主要起调节作用，与水库的功能相似。因此，本研究中森林生态系统调节水量价值依据水库工程的蓄水成本（替代工程法）来确定，采用如下公式计算：

$$U_{调}=10C_{库}\cdot A\cdot(P-E-C)\cdot F\cdot d \tag{1-16}$$

式中：$U_{调}$——实测林分年调节水量价值（元/年）；

$C_{库}$——水库库容造价（元/立方米，附表5）；

P——实测林外降水量（毫米/年）；

E——实测林分蒸散量（毫米/年）；

C——实测地表快速径流量（毫米/年）；

A——林分面积（公顷）；

F——森林生态功能修正系数；

d——贴现率。

2. 净化水质指标

（1）年净化水量。净化水质包括净化水量和净化水质价值两个方面。本研究采用年调节水量的公式：

$$G_{净}=10A\cdot(P-E-C)\cdot F \tag{1-17}$$

式中：$G_{净}$——实测林分年净化水量（立方米/年）；

P——实测林外降水量（毫米/年）；

E——实测林分蒸散量（毫米/年）；

C——实测地表快速径流量（毫米/年）；

A——林分面积（公顷）；

F——森林生态功能修正系数。

（2）净化水质价值。采用如下公式计算：

$$U_{水质}=10K_{水}\cdot A\cdot(P-E-C)\cdot F\cdot d \tag{1-18}$$

式中：$U_{水质}$——实测林分净化水质价值（元/年）；

$K_{水}$——水污染物应纳税额（元/吨，附表1）；

P——实测林外降水量（毫米/年）；

E——实测林分蒸散量（毫米/年）；

C——实测地表快速径流量（毫米/年）；

A——林分面积（公顷）；

F——森林生态功能修正系数；

d——贴现率。

$$K_{水}=(\rho_{大气降水}-\rho_{径流})/N_{水}\cdot K \tag{1-19}$$

式中：$K_{水}$——水污染物应纳税额（元/吨，附表1）；

$\rho_{大气降水}$——大气降水中某一水污染物浓度（毫克/升）；

$\rho_{径流}$——森林地下径流中某一水污染物浓度（毫克/升）；

$N_{水}$——水污染物污染当量值（千克，附表1）；

K——税额（元，附表1）。

（四）固碳释氧功能

森林与大气的物质交换主要是二氧化碳与氧气的交换，即森林固定并减少大气中的二氧化碳和增加大气中的氧气（图1-10），这对维持大气中的二氧化碳和氧气动态平衡、减少温室效应以及为人类提供生存的基础都有巨大和不可替代的作用。为此，本研究选用固碳、释氧2个指标反映森林生态系统固碳释氧功能。根据光合作用化学反应式，森林植被每积累1.00克干物质，可以吸收（固定）1.63克二氧化碳，释放1.19克氧气。本研究通过森林的固碳（植被固碳和土壤固碳）功能和释氧功能2个指标计量固碳释氧物质量。

图1-10　森林生态系统固碳释氧作用

1. 固碳指标

根据光合作用和呼吸作用方程式确定森林每年生产1吨干物质固定吸收二氧化碳的量，再根据树种的年净初级生产力计算出森林每年固定二氧化碳的总量。

（1）植被和土壤年固碳量。公式为：

$$G_{碳}=A\cdot(1.63R_{碳}\cdot B_{年}+F_{土壤碳})\cdot F \tag{1-20}$$

式中：$G_{碳}$——实测年固碳量（吨/年）；

$B_{年}$——实测林分年净生产力[吨/（公顷·年）]；

$F_{土壤碳}$——单位面积林分土壤年固碳量[吨/（公顷·年）]；

$R_{碳}$——二氧化碳中碳的含量，为 27.27%；

A——林分面积（公顷）；

F——森林生态功能修正系数。

公式计算得出森林的潜在年固碳量，再从其中减去由于森林年采伐造成的生物量移出从而损失的碳量，即为森林的实际年固碳量。

（2）年固碳价值。林分植被和土壤年固碳价值的计算公式如下：

$$U_{碳}=A \cdot C_{碳} \cdot (1.63R_{碳} \cdot B_{年}+F_{土壤碳}) \cdot F \cdot d \tag{1-21}$$

式中：$U_{碳}$——实测林分年固碳价值（元/年）；

$B_{年}$——实测林分年净生产力[吨/（公顷·年）]；

$F_{土壤碳}$——单位面积林分土壤年固碳量[吨/（公顷·年）]；

$C_{碳}$——固碳价格（元/吨，附表5）；

$R_{碳}$——二氧化碳中碳的含量，为 27.27%；

A——林分面积（公顷）；

F——森林生态功能修正系数；

d——贴现率。

公式得出森林的潜在年固碳价值，再从其中减去由于森林年采伐消耗量造成的碳损失，即为森林的实际年固碳价值。

2. 释氧指标

（1）年释氧量。公式如下：

$$G_{氧气}=1.19A \cdot B_{年} \cdot F \tag{1-22}$$

式中：$G_{氧气}$——实测林分年释氧量（吨/年）；

$B_{年}$——实测林分年净生产力［吨/（公顷·年)］；

A——林分面积（公顷）；

F——森林生态功能修正系数。

（2）年释氧价值。公式如下：

$$U_{氧}=1.19 \cdot C_{氧}A \cdot B_{年} \cdot F \cdot d \tag{1-23}$$

式中：$U_{氧}$——实测林分年释氧价值（元/年）；

$B_{年}$——实测林分年净生产力［吨/（公顷·年)］；

$C_{氧}$——制造氧气的价格（元/吨，附表5）；

A——林分面积（公顷）；

F——森林生态功能修正系数；

d——贴现率。

（五）净化大气环境功能

近年雾霾天气频繁、大范围地出现，使空气质量状况成为民众和政府部门的关注焦点，大气颗粒物（如 PM_{10}、$PM_{2.5}$）被认为是造成雾霾天气的罪魁出现在人们的视野中。如何控制大气污染、改善空气质量成为科学研究的热点。

森林能有效吸收有害气体、吸滞粉尘、降低噪音、提供负离子等，从而起到净化大气作用（图 1-11）。为此，本研究选取提供负离子、吸收气体污染物（二氧化硫、氟化物和氮氧化物）、滞尘、滞纳 PM_{10} 和 $PM_{2.5}$ 等 7 个指标反映森林净化大气环境能力，由于降低噪音指标计算方法尚不成熟，所以本研究中不涉及降低噪音指标。

森林提供负氧离子是指森林的树冠、枝叶的尖端放电以及光合作用过程的光电效应促使空气电解，产生空气负离子，同时森林植被释放的挥发性物质如植物精气（又叫芬多精）等也能促使空气电离，增加空气负离子浓度。

森林滞纳空气颗粒物是指由于森林增加地表粗糙度，降低风速从而提高空气颗粒物的沉降几率，同时，植物叶片结构特征的理化特性为颗粒物的附着提供了有利的条件；此外，枝、叶、茎还能够通过气孔和皮孔滞纳空气颗粒物。

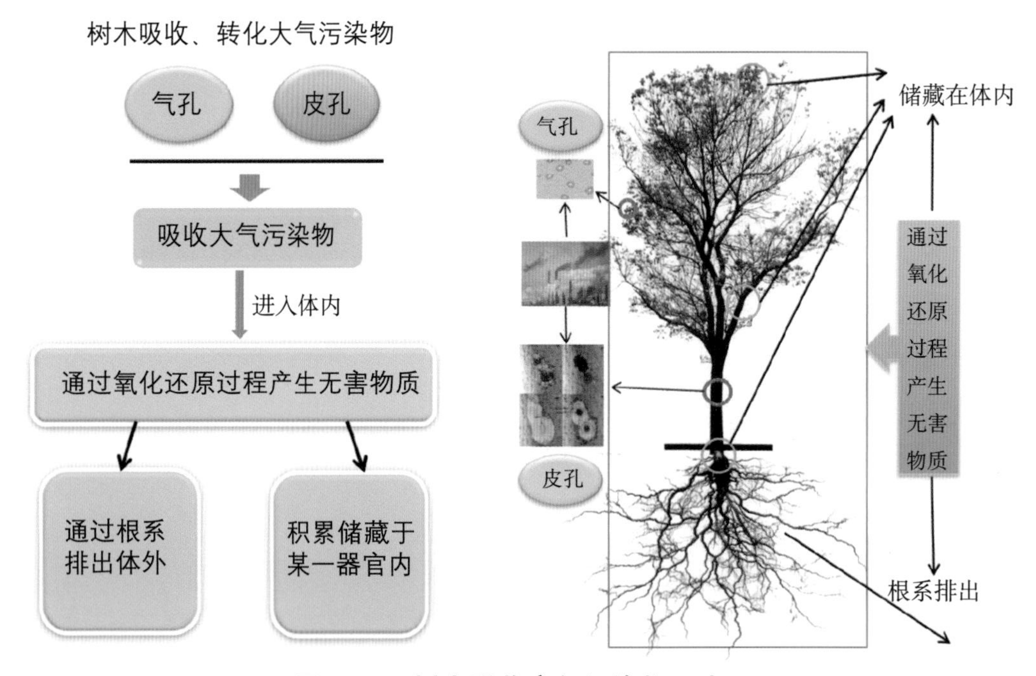

图 1-11　树木吸收空气污染物示意

1. 提供负离子指标

（1）年提供负离子量。公式如下：

$$G_{负离子}=5.256\times10^{15}\cdot Q_{负离子}\cdot A\cdot H\cdot F/L \tag{1-24}$$

式中：$G_{负离子}$——实测林分年提供负离子个数（个/年）；

$Q_{负离子}$——实测林分负离子浓度（个/立方厘米）；

H——林分高度（米）；

L——负离子寿命（分钟）；

A——林分面积（公顷）；

F——森林生态功能修正系数。

（2）年提供负离子价值。国内外研究证明，当空气中负离子达到 600 个/立方厘米以上时，才能有益人体健康，所以林分年提供负离子价值采用如下公式计算：

$$U_{负离子}=5.256\times10^{15}\cdot A\cdot H\cdot K_{负离子}\cdot(Q_{负离子}-600)\cdot F\cdot d/L \tag{1-25}$$

式中：$U_{负离子}$——实测林分年提供负离子价值（元/年）；

$K_{负离子}$——负离子生产费用（元/吨，附表 5）；

$Q_{负离子}$——实测林分负离子浓度（个/立方厘米）；

L——负离子寿命（分钟）；

H——林分高度（米）；

A——林分面积（公顷）；

F——森林生态功能修正系数；

d——贴现率。

2. 吸收气体污染物指标

二氧化硫、氟化物和氮氧化物是大气污染物的主要物质（图 1-12）。因此，本研究选取森林吸收二氧化硫、氟化物和氮氧化物 3 个指标核算森林吸收气体污染物的能力。森林对二氧化硫、氟化物和氮氧化物的吸收，可使用面积－吸收能力法、阈值法、叶干质量估算法等。本研究采用面积－吸收能力法核算森林吸收气体污染物的总量，采用应税污染物法核算价值量。

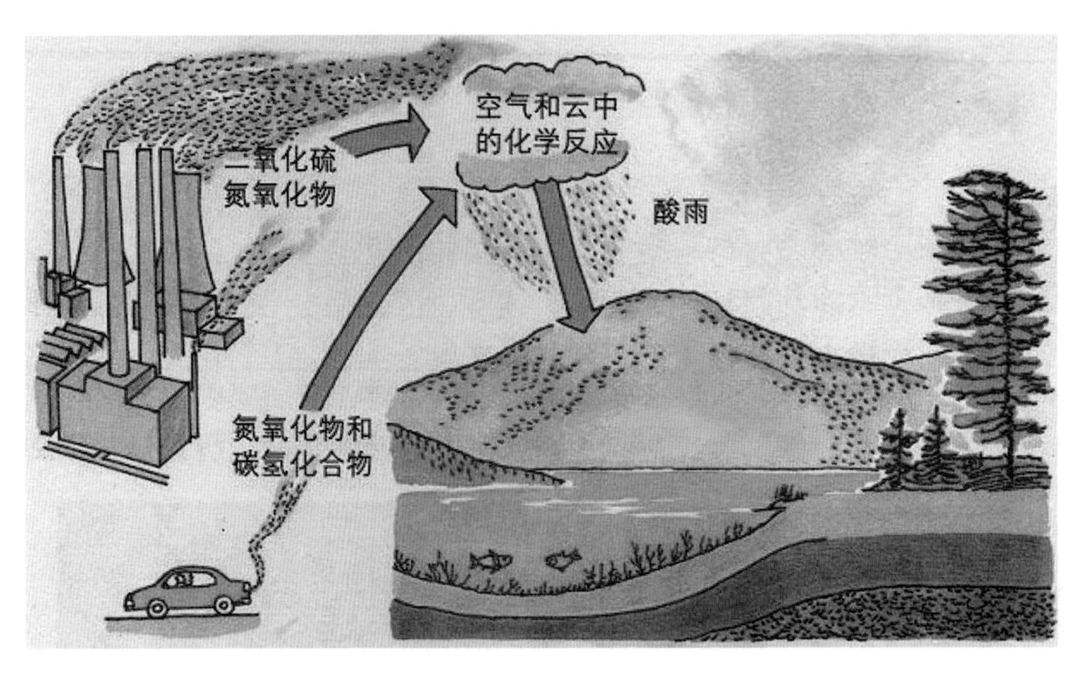

图 1-12　污染气体的来源及危害

(1) 吸收二氧化硫。

① 林分年吸收二氧化硫量计算公式：

$$G_{二氧化硫}=Q_{二氧化硫} \cdot A \cdot F/1000 \quad (1\text{-}26)$$

式中：$G_{二氧化硫}$——实测林分年吸收二氧化硫量（吨 / 年）；

$Q_{二氧化硫}$——单位面积实测林分年吸收二氧化硫量 [千克 / （公顷· 年）]；

A——林分面积（公顷）；

F——森林生态功能修正系数。

②林分年吸收二氧化硫价值计算公式：

$$U_{二氧化硫}=Q_{二氧化硫}/N_{二氧化硫} \cdot K \cdot A \cdot F \cdot d \quad (1\text{-}27)$$

式中：$U_{二氧化硫}$——实测林分年吸收二氧化硫价值（元 / 年）；

$Q_{二氧化硫}$——单位面积实测林分年吸收二氧化硫量 [千克 / （公顷· 年）]；

$N_{二氧化硫}$——二氧化硫污染当量值（千克，附表 1）；

K——税额（元，附表 1）。

A——林分面积（公顷）；

F——森林生态功能修正系数；

d—贴现率。

（2）吸收氟化物。

①林分吸收氟化物年量计算公式：

$$G_{氟化物}=Q_{氟化物}\cdot A\cdot F/1000 \tag{1-28}$$

式中：$G_{氟化物}$——实测林分年吸收氟化物量（吨/年）；

$Q_{氟化物}$——单位面积实测林分年吸收氟化物量［千克/（公顷·年)］；

A——林分面积（公顷）；

F——森林生态功能修正系数。

②林分年吸收氟化物价值计算公式：

$$U_{氟化物}=Q_{氟化物}/N_{氟化物}\cdot K\cdot A\cdot F\cdot d \tag{1-29}$$

式中：$U_{氟化物}$——实测林分年吸收氟化物价值（元/年）；

$Q_{氟化物}$——单位面积实测林分年吸收氟化物量［千克/（公顷·年）］；

$N_{氟化物}$——氟化物污染当量值（千克，附表1）；

K——税额（元，附表1）；

A——林分面积（公顷）；

F——森林生态功能修正系数；

d——贴现率。

（3）吸收氮氧化物。

①林分氮氧化物年吸收量计算公式：

$$G_{氮氧化物}=Q_{氮氧化物}\cdot A\cdot F/1000 \tag{1-30}$$

式中：$G_{氮氧化物}$——实测林分年吸收氮氧化物量（吨/年）；

$Q_{氮氧化物}$——单位面积实测林分年吸收氮氧化物量［千克/（公顷·年)］；

A——林分面积（公顷）；

F——森林生态功能修正系数。

②年吸收氮氧化物量价值计算公式如下：

$$U_{氮氧化物}=Q_{氮氧化物}/N_{氮氧化物}\cdot K\cdot A\cdot F\cdot d \tag{1-31}$$

式中：$U_{氮氧化物}$——实测林分年吸收氮氧化物价值（元/年）；

$Q_{氮氧化物}$——单位面积实测林分年吸收氮氧化物量［千克/（公顷·年）］；

$N_{氮氧化物}$——氮氧化物污染当量值（千克，附表1）；

K——税额（元，附表1）；

A——林分面积（公顷）；

F——森林生态功能修正系数；

d——贴现率。

3. 滞尘指标

森林有阻挡、过滤和吸附粉尘的作用，可提高空气质量。因此滞尘功能是森林生态系统重要的服务功能之一。鉴于近年来人们对 PM_{10} 和 $PM_{2.5}$ 的关注（图 1-13），本研究在评估总滞尘量及其价值的基础上，将 PM_{10} 和 $PM_{2.5}$ 从总滞尘量中分离出来进行了单独的物质量和价值量评估。

（1）年滞纳 TSP 量。公式如下：

$$G_{TSP}=Q_{TSP}\cdot A\cdot F/1000 \tag{1-32}$$

式中：G_{TSP}——实测林分年滞尘量（吨/年）；

Q_{TSP}——单位面积实测林分年滞尘量[千克/（公顷·年）]；

A——林分面积（公顷）；

F——森林生态功能修正系数。

（2）年滞纳 TSP 价值。本研究中，用应税污染物法计算林分滞纳 PM_{10} 和 $PM_{2.5}$ 的价值。其中，PM_{10} 和 $PM_{2.5}$ 采用炭黑尘（粒径 0.4~1 微米）污染当量值结合应税额度进行核算。林分滞纳其余颗粒物的价值一般性粉尘（粒径＜ 75 微米）污染当量值结合应税额度进行核算。年滞纳 TSP 价值计算公式如下：

$$U_{TSP}=(Q_{TSP}-Q_{PM_{10}}-Q_{PM_{2.5}})\ /N_{一般性粉尘}\cdot K\cdot A\cdot F\cdot d+U_{PM_{10}}+U_{PM_{2.5}} \tag{1-33}$$

式中：U_{TSP}——实测林分年滞纳 TSP 价值（元/年）；

Q_{TSP}——单位面积实测林分年滞纳 TSP 量[千克/（公顷·年）]；

$Q_{PM_{10}}$——单位面积实测林分年滞纳 PM_{10} 量[千克/（公顷·年）]；

$Q_{PM_{2.5}}$——单位面积实测林分年滞纳 $PM_{2.5}$ 量[千克/（公顷·年）]；

$N_{一般性粉尘}$——一般性粉尘污染当量值（千克，附表 1）；

K——税额（元，附表 1）；

A——林分面积（公顷）；

F——森林生态功能修正系数；

$U_{PM_{2.5}}$——林分年滞纳 $PM_{2.5}$ 的价值（元/年）；

$U_{PM_{10}}$——林分年滞纳 PM_{10} 的价值（元/年）；

d——贴现率。

4. 滞纳 $PM_{2.5}$

（1）年滞纳 $PM_{2.5}$ 量。

$$G_{PM_{2.5}}=10Q_{PM_{2.5}}\cdot A\cdot n\cdot F\cdot \mathrm{LAI}\cdot d \tag{1-34}$$

式中：$G_{PM_{2.5}}$——实测林分年滞纳 $PM_{2.5}$ 量（千克/年）；

$Q_{PM_{2.5}}$——实测林分单位叶面积滞纳 $PM_{2.5}$ 量（克/平方米）；

A——林分面积（公顷）；

F——森林生态功能修正系数；

n——年洗脱次数；

LAI——叶面积指数。

（2）年滞纳 $PM_{2.5}$ 价值。

$$U_{PM_{2.5}}=10Q_{PM_{2.5}}/N_{炭黑尘}\cdot K\cdot A\cdot n\cdot F\cdot \mathrm{LAI}\cdot d \tag{1-35}$$

式中：$U_{PM_{2.5}}$——实测林分年滞纳 $PM_{2.5}$ 价值（元/年）；

$Q_{PM_{2.5}}$——实测林分单位叶面积滞纳 $PM_{2.5}$ 量（克/平方米）；

$N_{炭黑尘}$——炭黑尘污染当量值（千克，附表1）；

K——税额（元，附表1）；

A——林分面积（公顷）；

F——森林生态功能修正系数；

n——年洗脱次数；

LAI——叶面积指数；

d——贴现率。

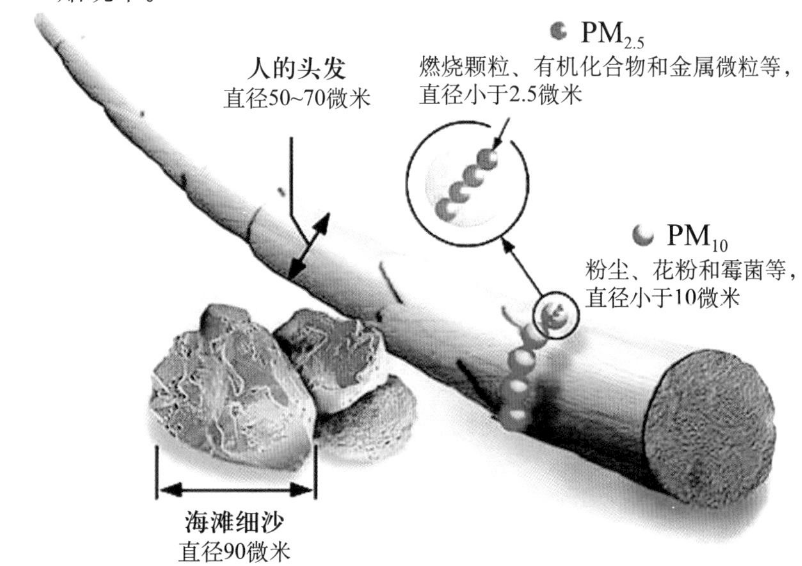

图 1-13　$PM_{2.5}$ 颗粒直径示意

5. 滞纳 PM_{10}

（1）年滞纳 PM_{10} 量。

$$G_{PM_{10}} = 10Q_{PM_{10}} \cdot A \cdot n \cdot F \cdot \mathrm{LAI} \tag{1-36}$$

式中：$G_{PM_{10}}$——实测林分年滞纳 PM_{10} 的量（千克/年）；

$Q_{PM_{10}}$——实测林分单位叶面积滞纳 PM_{10} 量（克/平方米）；

A——林分面积（公顷）；

F——森林生态功能修正系数；

n——年洗脱次数；

LAI——叶面积指数。

（2）年滞纳 PM_{10} 价值。

$$U_{PM_{10}} = 10Q_{PM_{10}}/N_{炭黑尘} \cdot K \cdot A \cdot n \cdot F \cdot \mathrm{LAI} \cdot d \tag{1-37}$$

式中：$U_{PM_{10}}$——实测林分年滞纳 PM_{10} 价值（元/年）；

$Q_{PM_{10}}$——实测林分单位叶面积滞纳 PM_{10} 量（克/平方米）；

$N_{炭黑尘}$——炭黑尘污染当量值（千克，附表1）；

K——税额（元，附表1）；

A——林分面积（公顷）；

F——森林生态功能修正系数；

n——年洗脱次数；

LAI——叶面积指数；

d——贴现率。

（六）林木产品供给功能

森林除了提供诸多的间接效益外，其向人类直接提供木材产品和非木材产品的功能在生态系统服务功能的核算中不容忽视。

（1）木材产品价值。计算公式如下：

$$U_{木材产品} = \sum_{i}^{n}(A_i \cdot S_i \cdot U_i) \tag{1-38}$$

式中：$U_{木材产品}$——区域内年木材产品价值（元/年）；

A_i——第 i 种木材产品面积（公顷）；

S_i——第 i 种木材产品单位面积蓄积量 [元/（公顷·年）]；

U_i——第 i 种木材产品市场价格（元/立方米）。

（2）非木材产品价值。计算公式如下：

$$U_{非木材产品}=\sum_{j}^{n}(A_j \cdot V_j \cdot P_j) \tag{1-39}$$

式中：$U_{非木材产品}$——区域内年非木材产品价值（元/年）；

A_j——第j种非木材产品种植面积（公顷）；

V_j——第j种非木材产品单位面积产量[千克/（公顷·年）]；

P_j——第j种非木材产品市场价格（元/千克）。

（3）森林林木产品供给功能总价值。计算公式如下：

$$U_{林木产品}=U_{木材产品}+U_{非木材产品} \tag{1-40}$$

（七）生物多样性功能

生物多样性维护了自然界的生态平衡，并为人类的生存提供了良好的环境条件。生物多样性是生态系统不可缺少的组成部分，对生态系统服务功能的发挥具有十分重要的作用（王兵等，2012）。Shannon-Wiener 指数是反映森林中物种的丰富度和分布均匀程度的经典指标。传统 Shannon-Wiener 指数对生物多样性保育等级的界定不够全面。本研究增加濒危指数（表 1-2）、特有种指数（表 1-3）和古树指数（表 1-4），对 Shannon-Wiener 指数进行修正，以利于生物资源的合理利用和相关部门保护工作的合理分配。

修正后的生物多样性保护功能评估公式如下：

$$U_{总}=(1+0.1\sum_{m=1}^{x}E_m+0.1\sum_{n=1}^{y}B_n+0.1\sum_{r=1}^{z}O_r)\cdot S_{生}\cdot A\cdot d \tag{1-41}$$

式中：$U_{总}$——实测林分年生物多样性保护价值（元/年）；

E_m——实测林分或区域内物种m的濒危分值（表 1-2）；

B_n——评估林分或区域内物种n的特有种指数（表 1-3）；

O_r——评估林分（或区域）内物种r的古树年龄指数（表 1-4）；

x——计算濒危指数物种数量；

y——计算特有种指数物种数量；

z——计算古树年龄指数物种数量；

$S_{生}$——单位面积物种多样性保护价值量[元/（公顷·年）]；

A——林分面积（公顷）；

d——贴现率。

本研究根据 Shannon-Wiener 指数计算生物多样性价值，共划分 7 个等级：

当指数<1 时，$S_{生}$为 3000[元/（公顷·年）]；

当 1 ≤指数< 2 时，$S_{生}$为 5000[元／（公顷·年）]；
当 2 ≤指数< 3 时，$S_{生}$为 10000[元／（公顷·年）]；
当 3 ≤指数< 4 时，$S_{生}$为 20000[元／（公顷·年）]；
当 4 ≤指数< 5 时，$S_{生}$为 30000[元／（公顷·年）]；
当 5 ≤指数< 6 时，$S_{生}$为 40000[元／（公顷·年）]；
当指数≥ 6 时，$S_{生}$为 50000[元／（公顷·年）]。

表 1-2　物种濒危指数体系

濒危指数	濒危等级	物种种类
4	极危	参见《中国物种红色名录》第一卷：红色名录
3	濒危	
2	易危	
1	近危	

表 1-3　特有种指数体系

特有种指数	分布范围
4	仅限于范围不大的山峰或特殊的自然地理环境下分布
3	仅限于某些较大的自然地理环境下分布的类群，如仅分布于较大的海岛（岛屿）、高原、若干个山脉等
2	仅限于某个大陆分布的分类群
1	至少在2个大陆都有分布的分类群
0	世界广布的分类群

注：参见《植物特有现象的量化》（苏志尧，1999）。

表 1-4　古树年龄指数体系

古树年龄	指数等级	来源及依据
100~299年	1	参见全国绿化委员会、国家林业局文件《关于开展古树名木普查建档工作的通知》
300~499年	2	
≥500年	3	

（八）森林康养功能

森林康养是指森林生态系统为人类提供医疗、疗养、康复、保健、养生、休闲、游憩和度假等消除疲劳、愉悦身心、有益健康的功能，包括直接产值和带动的其他产业产值，直接产值采用林业旅游与休闲产值替代法进行核算。森林康养功能的计算公式：

$$U_{r}=0.8U_{k} \tag{1-42}$$

式中：U_{r}——森林康养功能的价值量（元/年）；

U_{k}——林业旅游与休闲产业及森林康复疗养产业的价值（元/年）；

k——行政区个数；

0.8——森林公园接待游客量和创造的价值约占森林旅游总规模的80%。

（九）昆明市海口林场森林生态系统服务功能总价值评估

昆明市海口林场森林生态系统服务功能总价值为上述分项价值量之和，公式如下：

$$U_{总}=\sum_{i=1}^{23}U_{i} \tag{1-43}$$

式中：U_{I}——昆明市海口林场森林生态系统服务功能总价值（元/年）；

U_{i}——昆明市海口林场森林生态系统服务功能各分项价值量（元/年）。

第二章 昆明市海口林场资源概况

第一节 自然概况

一、地理位置

昆明市海口林场位于昆明市西南面。地理坐标：东经 102°28′~102°38′、北纬 24°43′~24°56′。地处滇池出水口螳螂川的上水口岸，属金沙江水系上游。地跨西山区海口、碧鸡，晋宁区古城、二街，安宁市连然、太平、金方。居住着汉、回、白、彝等民族。距昆明市约 40 千米，现被高海高速、安晋高速和昆安高速所包围，驱车到昆明火车站约 50 分钟、到昆明长水机场约 80 分钟。

二、地形地貌

昆明市海口林场属滇中高原浅切割中山地形，属于“湖泊高原”地貌，有 3 条山脉（西山山脉、鹅毛山山脉、彩凤山山脉），山脉呈南北延伸，地形变化不大，南北长 40 千米，东西宽 20 千米。最低海拔 1900 米，最高海拔 2400 米，相对高差 500 米，一般海拔在 1900~2200 米，除妥乐营林区地势较平缓外，其他林区一般坡度在 16°~25°。主要河流海口河是滇池的唯一天然出水口，海口河自滇池流出后，自东南向西北，过昆明市海口林场中部流向安宁境内，注入普渡河，最后汇入长江（金沙江）。

三、气候条件

昆明市海口林场属于亚热带季风气候、亚热带半湿润气候类型。气候温和、四季如春，雨量适中，降水分布不均，年平均气温 15.4℃，绝对最高温度 33℃，绝对最低温度 5.4℃，年积温 5200℃，年降水量 976 毫米，5~10 月为雨季。无霜期为 240 天以上，平均日照时数 2200 小时。气候温和，夏无酷暑，冬无严寒，这样的气候特征在全球少有，鲜花常年开放，草木四季常青，是著名的“春城”“花城”。

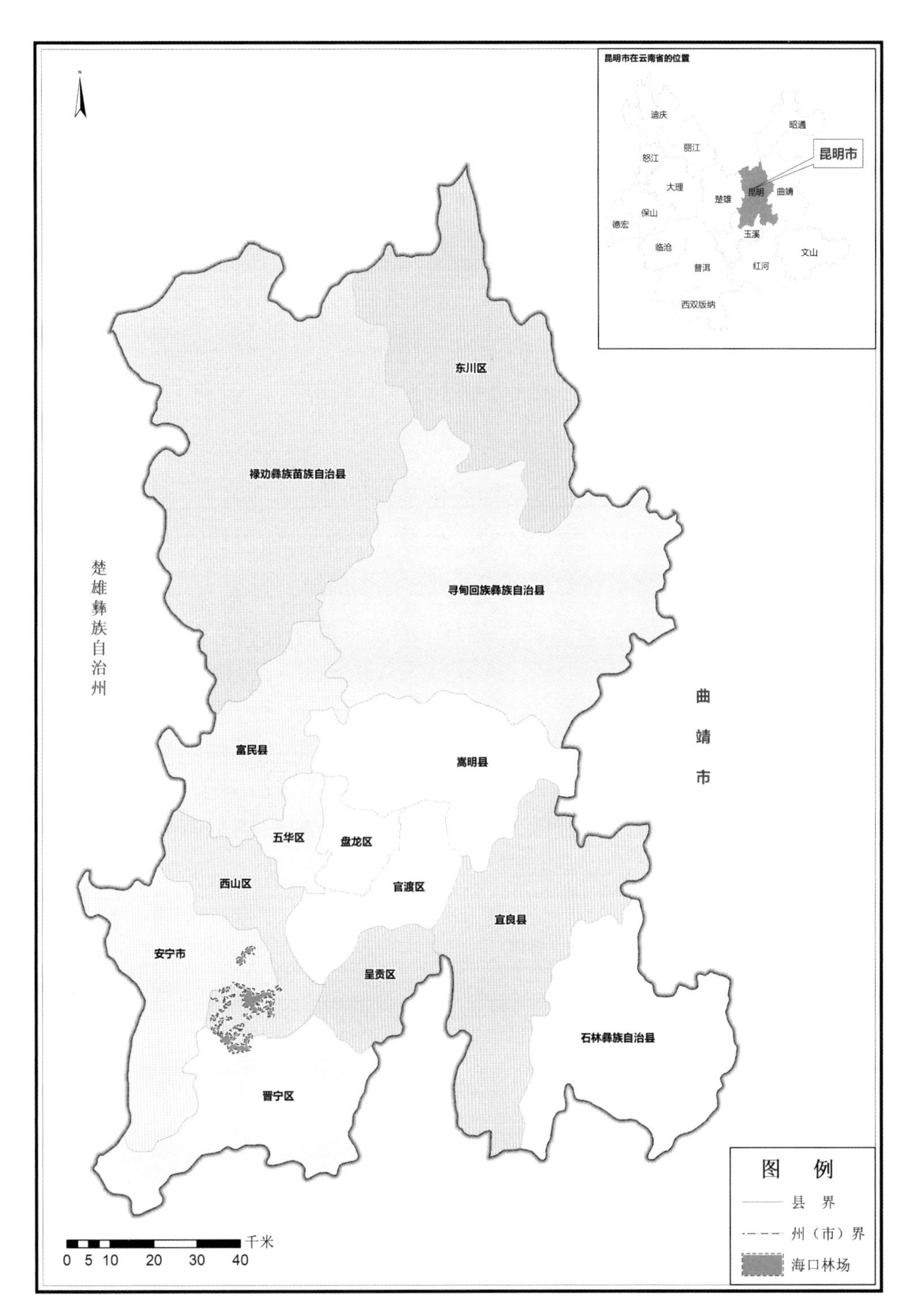

图 2-1　昆明市海口林场地理位置

四、森林植被

昆明市海口林场地处中亚热带季风气候区，植被类型涉及以下 4 类：

（一）暖温性针叶林

该类型是昆明市海口林场分布广、植被种类生长茂盛的地带，主要灌木树种有南烛（*Vaccinium bracteatum*）、杜鹃（*Rhododendron simsii*）、芒种花（*Hypericum uralum*）、川梨

(*Pyrus pashia*)、黄杞（*Engelhardia roxburghiana*）、水红木（*Viburnum cylindricum*）等。主要草本有紫茎泽兰（*Ageratina adenophora*）、间型沿阶草（*Ophiopogon intermedius*）、金茅（*Eulalia speciosa*）、野古草（*Arundinella anomala*）、浆果薹草（*Carex baccans*）、竹叶吉祥草（*Spatholirion longifolium*）、野茼蒿（*Crassocephalum crepidioides*）等；森林土壤为红壤和黄红壤。

（二）落叶阔叶林

主要分布在昆明市海口林场南部地区，主要灌木树种有川梨、碎米花（*Rhododendron spiciferum*）、水红木、易门小檗（*Berberis pruinosa*）、盐肤木（*Rhus chinensis*）、芒种花、南烛等；主要草本有金茅、野古草、荩草（*Arthraxon hispidus*）、紫茎泽兰等。森林土壤为红壤和黄红壤。

（三）人工桉树、黑荆、柏树林

人工桉树、黑荆（*Acacia mearnsii*）、柏树在昆明市海口林场范围内均有分布，主要灌木树种有川梨、斑鸠菊（*Vernonia esculenta*）、火棘（*Pyracantha fortuneana*）、合欢（*Albizia julibrissin*）、芒种花；主要草本有黄背草（*Themeda japonica*）、野拔子（*Elsholtzia rugutosa*）、野古草（*Arundinella anomala*）和蓝花野茼蒿等。森林土壤为红壤、黄红壤、紫色土、红色石灰土。

（四）半湿润常绿阔叶林

主要分布于陡坡、岩石裸露地块，灌木树种有川梨、杜鹃、水红木、易门小檗、盐肤木、芒种花、南烛、柃木等；主要草本有四脉金茅（*Eulalia quadrinervis*）、野古草、荩草、显脉獐牙菜（*Swertia nervosa*）、紫茎泽兰、天南星（*Arisaema heterophyllum*）等。森林土壤为红壤、黄红壤、红色石灰土。

第二节　历史沿革及发展概况

一、历史沿革

昆明市海口林场于 1956 年 3 月 3 日由云南省林业厅批准成立，原名为“云南省海口国营林场”。在 2 个苗圃（白鱼口防沙苗圃、中新街楸木园苗圃）和 1 个造林队（昆明造林第一分队）的基础上成立，场部设在中宝白塔村，是新中国成立后全国成立较早的国有林场，昆明市海口林场的发展历史可以侧面反映出全国国有林场的改革发展历史。

1958 年 8 月至 1959 年 6 月，云南省国营海口林场并入安宁县海星人民公社，性质上属全额事业单位。这个时期的工作主要是发动广大人民群众参与造林，其中 1956 年发动民工 1.3 万人疏挖海口河，同时上山植播云南松、华山松。

1959 年 7 月至 1969 年 10 月，云南省国营海口林场退出海星公社单独建制，隶属云南省农林厅林业局，性质上属全额事业单位。这个时期的主要工作是绿化造林和荒山造林。

为了改善我国食用油匮乏的局面，周恩来总理亲自过问，从阿尔巴尼亚引进5个品种的油橄榄苗木10000株，分发到8个省份12个引种点试种，云南省国营海口林场作为重点试种区之一。1964年3月3日，周总理亲临海口林场，与阿尔巴尼亚专家、时任林业部造林司司长刘琨、云南省省长刘明辉等同志一起亲手种下了这批代表“中阿友谊”的油橄榄苗。从此，拉开了发展中国油橄榄事业的序幕，为中国林业、林业科技及油橄榄事业的发展发挥了重要的领航作用，这些树也烙下了一个时代的印迹，成为海口林场发展的见证。自此，海口林场也成为云南省的林业先进技术应用示范基地，对云南省林业科技推广具有示范带动和辐射推广作用。通过海口林场几代职工的精心养护管理，历经50余年栽种历史部分植株仍能正常开花结实。海口林场保存的油橄榄品种数量及成树规模具备了建设油橄榄种质资源库、研究油橄榄在滇中地区的生态适应性的优势条件，对科研、科普教育、爱国教育等发挥着重要作用，为了更好地实现周总理对我国油橄榄事业发展的厚望，海口林场近年来积极引进专业人才及龙头企业，开展产、学、研等多层次合作，共谋油橄榄在云南的产业、科研、科普全方位发展。

1969年11月至1982年10月，云南省国营海口林场转隶昆明市农林局管理，更名为昆明市国营海口林场，性质上属全额事业单位。主要工作是荒山植树造林、发展农林经济和管理林地。

1982年10月至1984年8月，1982年昆明市林业局单独建制，昆明市国营海口林场划归昆明市林业局管理，性质属全额事业单位。主要工作是植树造林、林木抚育、森林病虫害防治、林政管理和森林防火、科技推广示范等。1984年成立了场长书记办公室、场部办公室和生产科。

1984年8月至2000年12月，这一阶段昆明市国营海口林场全面进入差额拨款事业单位，推行“事业单位企业化管理”模式，其中1984—1986年全场实行“职工家庭林场”管理，从林木林地管护至经营全面实行承包负责制。昆明市国营海口林场实行“多种经营，以短养长”的发展方针，在这阶段建立了磷矿开采场，大力发展多种经营项目，加强林政管理和各种营林措施，提出了把昆明市国营海口林场建成生态林场的理念。在多种经营措施中，除种植经济林木葡萄、橘子外，主要以磷矿石开采为主，同时开展了林木种苗引种试验研究，如引种雪松、墨西哥柏（*Cupressus lusitanica*）、直干桉（*Eucalyptus maidenii*）等。职工工资除上级补助外，主要靠出售磷矿石和抚育间伐木材进行补充。1998—2000年由于磷矿石资源枯竭，停止林木采伐，昆明市国营海口林场经历了发展较为困难时期，林场大幅下调工资，并出现了拖欠职工工资的情况。

2000年1月至2020年12月，1998年起，昆明市国营海口林场被昆明市政府列为“天保工程”项目的实施区，2000年在昆明市林业局的高度重视和支持下，昆明市政府将林场界定为生态公益型林场，昆明市国营海口林场由差额事业单位转成全额事业单位。2006年

10月，昆明市国营海口林场更名为昆明市海口林场，核定为正科级单位，拨款性质为全额拨款单位，核定编制90个，林场内设办公室、生产科、林政科、防火办、山冲林区、中宝林区、妥乐林区、宽地坝林区。这一阶段昆明市海口林场工作任务由植树造林转变成以森林管护为主，并加强森林公园建设、生态文明建设和林业科技兴林。

2010年昆明市海口林场由生产型单位转型为科技管理密集型单位，工作的重心及人员结构均发生了极大转变。昆明市海口林场高度重视科技创新能力建设，整合相关专业技术人才，成立昆明市海口林场科技创新中心，中心利用昆明市海口林场得天独厚的森林资源申报各类科技项目，自2010年以来先后完成多项国家、省、市级科技项目，提升了专业技术人员的整体科技素养，并于2015年分别挂牌昆明市林下经济工程技术研究中心——森林生态休闲旅游示范基地、昆明市油橄榄优良种质资源选育利用——科技创新团队，2019年引进院士，建立昆明市森林生态保护及其附属产业院士专家工作站，为相关领域科技项目的实施搭建了广阔的平台，更为人才的发展提供更多发展机遇和更大发展空间，培养了一支专业技术精湛、科研素养深厚的科技人才队伍，同时也取得了丰硕的科研成果。荣获云南省科技进步奖、昆明市科学技术进步奖，并取得了多项专利。目前，昆明市海口林场有在职职工70名，其中专业技术人员51人，占总人数的72.86%；硕士10人，在读硕士3人，45岁以下的职工中，90%的职工具有大学本科学历；同时高级工程师10人，中级职称22人；近三年的研究经费投入就有3088.00万元。同时，在各类科研项目的实施过程中，研发仪器设备不断丰富和扩充，现有500平方米基础研发实验楼1栋，能保证植物生理生化实验、植物系统发育实验、植物组织培养实验、种子发芽实验及种子分级筛选实验等的顺利开展。另有智能控温、控水、给肥玻璃温室大棚2个、塑料大棚11个。

经过昆明市海口林场几代人的坚守，曾经的荒山变成了绿洲，生物多样性丰富，生态效益突显，林场成为了云南省滇池面山流域森林生态重点保护建设区，同时也是云南滇中地区森林生态建设示范区和云南省国有林场发展的标杆。先后获得“全国文明单位”“全国十佳林场”“中国林场协会副会长单位”“国家生态文明教育基地”“全国林业系统先进集体”“全国林业科普基地”“云南省科学普及教育基地”、云南省“三生教育”实践基地、“省级文明单位”“昆明市科普精品教育基地”“五一劳动奖章”“党工共建创先争优示范点”“昆明市林业宣传工作三等奖”“女职工建功立业标兵岗”等荣誉称号。

二、社会经济概况

（一）机构设置

昆明市海口林场内设机构：场部位于宽地坝，场部设有办公室、生产科、林政科、财务科、防火办、党办（兼工会）、后勤管理中心7个部门。下设昆明林缘林业资源管理运营中心、宽地坝苗圃及4个林区，分别是宽地坝林区、山冲林区、中宝林区、妥乐林区。

林场现有在职职工 70 人，专业技术人员 51 人，其中高级工程师 10 人，工程师 22 人；助理工程师 19 人；管理人员 6 人，技术工人 13 人。主要从事营林生产、林业科研及成果转化、森林防火、林政执法、森林管护、森林病虫害防治及林火预测预报工作。

（二）林业生产情况

昆明市海口林场 2000 年被界定为生态公益型林场，经营宗旨是改善生态环境、发挥森林生态效益，为美化城市、调节气候、涵养水源、净化空气发挥积极作用。昆明市海口林场在近十年的经营中，已经由生产型单位转为技术管理密集型单位，依托昆明市海口林场的生态资源优势和地理位置优势，积极发展森林旅游产业；努力拓展苗木产业；探索林下种植产业，多方面积极探索符合林场生态公益林场定位的辅助产业，并加大林业科学技术的投入，在森林培育、森林病虫害防治、森林碳汇等方面有所研究。今后昆明市海口林场将依托林场独特的地理位置优势以及生态效益优势，积极开展森林生态旅游、林下经济、种质资源收集、乡土珍稀树种苗木繁育技术等研究，配合昆明市滇池面山和滇池流域造林绿化工程的实施，开展矿区植被恢复造林等措施，继续提高昆明市海口林场的森林覆盖率，同时，提升昆明市海口林场森林质量，积极发挥林场的生态效益，实现林业与社会的和谐发展。

“十二五”以来，在昆明市林业局的领导下，昆明市海口林场全体干部职工团结一致，开拓进取，以“单位的事情再小也是大事，个人的事情再大也是小事”的工作理念作为出发点；以加快“一场、一园、一平台”（中国著名的现代化生态林场，云南独具特色的森林生态文化公园，林业科技、林业产业研发和推广平台）和争当全省乃至全国国有林场排头兵为目标，以国有林场改革为契机，强力推进生态文明建设。森林资源得到有效保护，职工待遇得到提高，实现了“全国十佳林场”的目标。单位及个人先后荣获“国家生态文明教育基地”“全国文明单位”“中国林协会副会长单位”“云南林业法制宣传教育基地”等 30 多项国家、省、市级荣誉称号，为全市生态文明建设和经济社会发展作出了积极贡献。经过几代人的努力和付出，现在昆明市海口林场被外界人士称为“天然的康养吧”，每年有来自社会各界的团体和个人 20 余万人到此游览。“共享鸟语花香，绿水青山的自然天堂”，体现了总书记“绿水青山就是金山银山”的理念，同时证实了“森林是水库、钱库和粮库”的深刻哲理。

三、科普基地情况

昆明市海口林场具有深厚的油橄榄历史文化底蕴，2011 年被评为“爱国主义教育基地”、“大学生教学实践基地”，自此昆明市海口林场充分利用这些资源优势，成功将单位打造提升为“西山区科普精品教育基地”“昆明市科普精品教育基地”“云南省科学普及教育基地”“全国林业科普基地”。2014 年通过云南省科学普及计划项目“昆明市海口林场特有树种生态文化建设科普精品基地”的实施，实现扩建数字化林业展览馆，面积达到 280 平方米，并建成多媒体大厅 1 个；建成油橄榄专题馆 1 个，面积 140 平方米，建成油橄榄优良品种展示园

100亩；建成桉树种质资源库403个家系1000个无性系；建成多品种文玩核桃收集圃展示园50亩；建成林下仿野生中药材种植技术示范园1个，面积50亩；滇中高原树木园树木标识牌挂牌500个。林场定期组织开展林业、生态建设基础知识科普宣传教育活动，真正实现人人为生态建设的受益者，人人为生态建设的贡献者。现每年接待科普团体300余个，进基地接受科普教育人数近30万人。通过对科普基地的改造提升及系列科普活动的开展，昆明市海口林场成为融入自然、科学、科普活动为一体，技能体现科学技术高水平，又能体现人与自然和谐相处的生态氛围，成为集科学研究、科普教育、成果转化、观光游览等功能性的综合性科普精品基地。随着国家教育部对中小学生自然教育的越来越重视，全国关注森林活动组委会印发的《全国三亿青少年进森林研学教育活动方案》提出，将加快推进自然教育基础设施建设，打造一批国家青少年教育绿色营地，逐步把青少年进森林研学教育活动融入中小学教育。昆明市海口林场将以此为单位科普教育发展目标，积极打造，争取2025年建成我国第一批“国家青少年自然教育绿色营地”，更好地为青少年服务，为社会服务。

第三节　森林资源现状

森林资源是林业生态建设的重要物质基础，增加森林资源以及保障其稳定持续地发展是林业工作的出发点和落脚点。在自然因素、人为因素的干扰下森林资源的数量和质量始终处于变化中。加强森林资源的管理和保护，是保障国土生态安全的需要，是增强森林资源信息的动态管理、分析、评价和预测功能的需要。及时掌握森林资源的消长变化，对于科学的经营管理和保护利用森林资源具有重要意义。昆明市海口林场经营范围内森林资源丰富且分布集中，具有完整的亚热带森林生态系统，生物多样性丰富。区内野生动植物种类繁多，生态环境呈多样性和相对整体性，可恢复和保护程度较好，对全市的生态环境有着举足轻重的影响，生态区位十分重要。随着天然林保护工程的实施，昆明市海口林场全面停止商业性采伐，加强了森林资源保护和管理，森林面积和蓄积量持续增长，以保障昆明市森林生态安全和滇池流域水资源安全为主导的重要生态区域已初步形成，林地保护利用取得了明显的成效，生态环境得到了明显改善。昆明市海口林场土地总面积为7161.60公顷。其中，林地面积6214.20公顷，占86.77%；非林地面积947.40公顷，占13.23%。昆明市海口林场共区划林班40个，区划小班1225个，林班平均面积179.00公顷，小班平均面积5.85公顷。昆明市海口林场下辖4个营林区，森林面积5018公顷，这些森林是维系昆明市海口林场生态平衡的坚实基础。

一、林业用地面积

根据国家有关技术分类标准，林业用地划分为有林地、疏林地、灌木林地、未成林地、

苗圃地、无立木地、宜林荒山荒地造林、辅助生产林地、采伐迹地、火烧迹地和竹林。昆明市海口林场2018年林业用地总面积为6214.20公顷，中宝营林区和山冲营林区最大；其中，有林地面积为5076.90公顷，疏林地面积13.80公顷，灌木林地面积为784.10公顷，苗圃地和辅助生产林地面积较小（表2-1）。

表2-1　昆明市海口林场林业用地面积

公顷

营林区	总面积	林地											非林地
		合计	有林地	疏林地	灌木林地			未成林	苗圃地	无立木林地	宜林地	辅助生产林地	
					小计	特灌林	非特灌林						
宽地坝	873.60	855.10	775.20	—	57.40	4.90	52.50	—	4.30	5.50	8.50	—	18.50
山冲	2194.00	2245.90	1747.10	—	385.60	20.20	365.40	62.20	—	9.60	41.40	4.20	48.10
妥乐	653.00	438.70	333.00	—	84.80	—	84.80	3.90	3.30	13.70	—	—	214.30
中宝	3341.00	2674.50	2221.60	13.80	256.30	—	256.30	40.20	1.00	29.20	112.40	—	666.50
总计	7161.60	6214.20	5076.90	13.80	784.10	25.10	759.00	106.30	8.60	58.00	162.30	4.20	947.40

二、森林资源结构

（一）林种结构

昆明市海口林场不同林种类型的面积和蓄积量如图2-2所示，面积最大的是防护林，占比58.79%；其次是用材林和薪炭林，面积分别为1480.60公顷和513.90公顷，占比分别为25.22%和8.75%；特用林和薪炭林的面积最小，面积占比分别仅为5.82%和1.42%。昆明市海口林场不同林种蓄积量最大的也是防护林，总蓄积量为27.55万立方米，占比为69.50%；其次是用材林，蓄积量为9.74万立方米，占比24.58%。

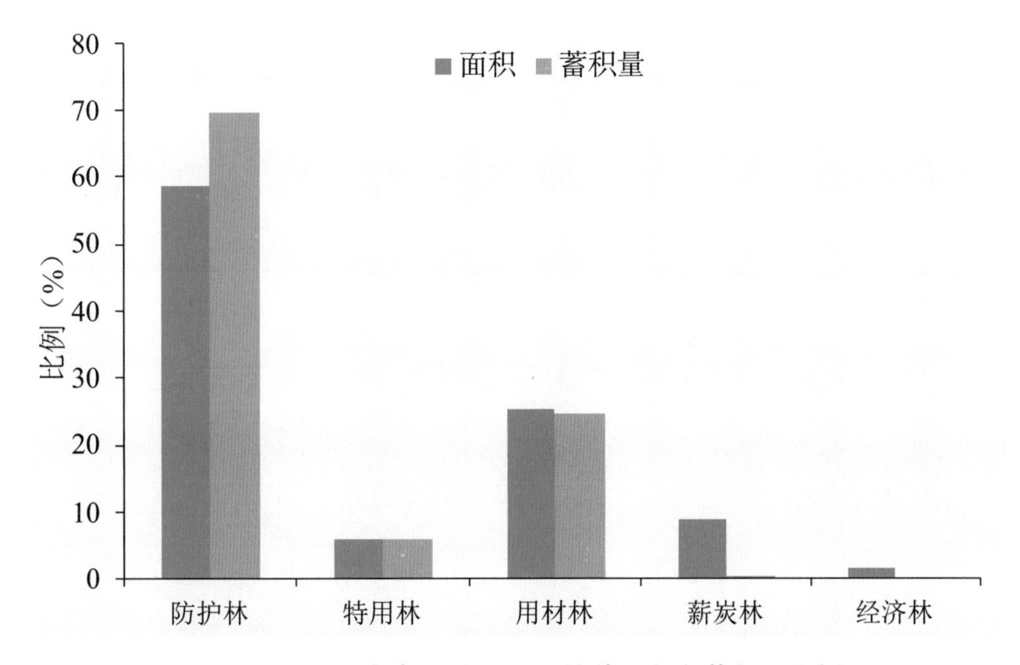

图2-2　昆明市海口林场不同林种面积和蓄积量比例

（二）优势树种（组）结构

昆明市海口林场各类林地面积构成中，有乔木林、特灌木林地和非特灌林地；同时，昆明市海口林场乔木林和灌木林的面积也较大。因此在测算过程中，按昆明市海口林场森林资源现状共划分了灌木林（特灌林和非特灌林）和乔木林优势树种（组）；乔木林又分为华山松（*Pinus armandii*）、桉类（*Eucalyptus robusta*）、桤木（*Alnus cremastogyne*）、云南松（*Pinus yunnanensis*）、柏木（*Cupressus funebris*）、其他软阔类、栎类、杨树（*Populus*）、油杉（*Keteleeria fortunei*）、杉木（*Cunninghamia lanceolata*）、秃杉（*Taiwania cryptomerioides*）、阔叶混交林、针叶混交林和针阔混交林 14 个优势树种（组），再加灌木林共计 15 个服务功能测算优势树种（组）单元。各优势树种（组）按面积排序，前 5 位依次是华山松、灌木林、桉类、桤木和云南松，面积分别为 1551.30 公顷、787.00 公顷、761.70 公顷、567.50 公顷和 499.50 公顷，其面积占比分别为 26.84%、13.62%、13.18%、9.82% 和 8.64 %；面积占比较小的是杉木和秃杉，面积占比均在 1.00% 以下（图 2-3）。

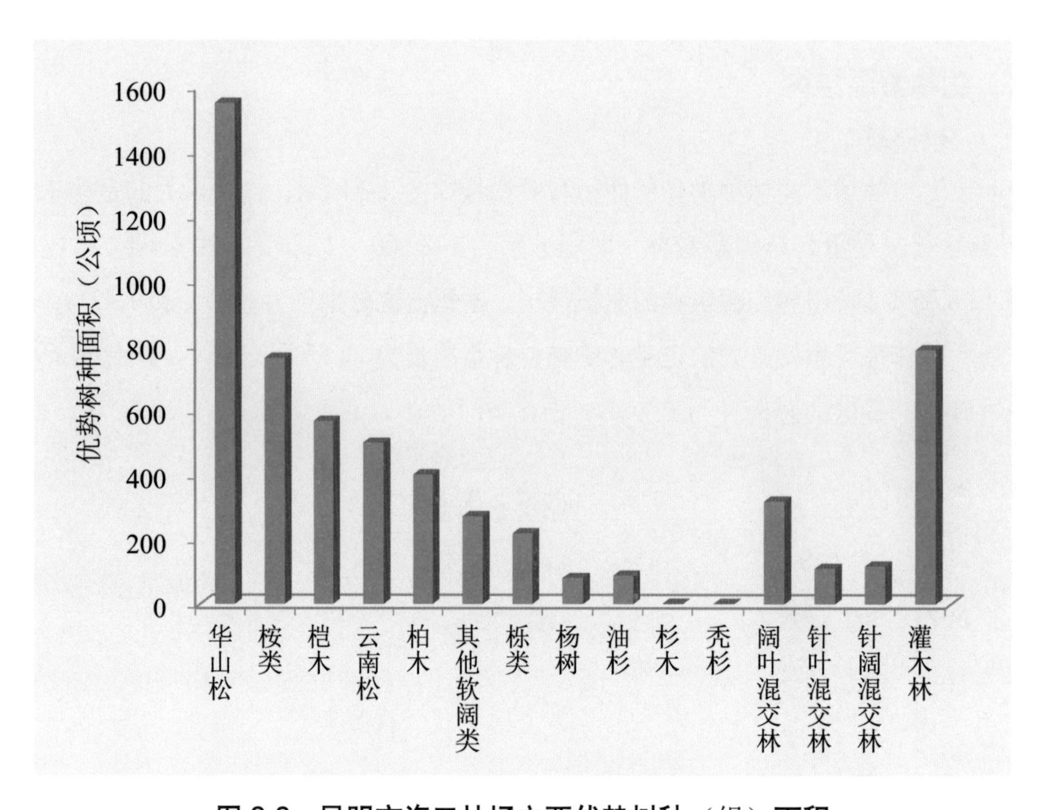

图 2-3　昆明市海口林场主要优势树种（组）面积

（三）林龄组结构

根据树木的生物学特性及经营利用目的不同，将乔木林生长过程划分为幼龄林、中龄林、近熟林、成熟林和过熟林 5 个林龄组。由表 2-2 可知，昆明市海口林场森林以中龄林和成熟林为主，面积为 1888.70 公顷和 977.40 公顷，占比分别 37.83% 和 19.58%；其次是近熟林和幼龄林，面积为 852 公顷和 739.20 公顷，占比分别为 17.06% 和 14.81%；最小的是过熟林，面积仅为 145.90 公顷，占比为 2.92%。不同林龄组蓄积量的变化区域与面积的变化趋势略有差异，也为中龄林最大，过熟林最小，但近熟林蓄积量排第二、成熟林蓄积量排第三。

表 2-2 昆明市海口林场不同林龄组面积和蓄积量

面积/蓄积量	合计	幼龄林	中龄林	近熟林	成熟林	过熟林
面积（公顷）	4992.90	739.20	1888.70	1241.70	977.40	145.90
比例（%）	100.00	14.80	37.83	24.87	19.58	2.92
蓄积量（立方米）	396310.00	37730.00	136900.00	113370.00	97660.00	10650.00
比例（%）	100.00	9.52	34.54	28.61	24.64	2.69

三、各营林区森林资源

昆明市海口林场各营林区乔木林不同林龄组面积和蓄积如表 2-3 所示，中宝营林区的面积和蓄积量最大，其次是宽地坝营林区和山冲营林区；妥乐营林区面积和蓄积量最小。

表 2-3 昆明市海口林场各营林区不同林龄组面积和蓄积量

营林区	面积/蓄积量	合计	幼龄林	中龄林	近熟林	成熟林	过熟林
宽地坝	面积（公顷）	743.30	115.20	147.50	235.60	244.00	1.00
	比例（%）	100.00	15.50	19.84	31.70	32.83	0.13
	蓄积量（立方米）	65310.00	7910.00	14090.00	22230.00	20920.00	160.00
	比例（%）	100.00	12.11	21.57	34.04	32.03	0.25
山冲	面积（公顷）	1737.80	309.90	710.40	433.00	263.30	21.20
	比例（%）	100.00	17.83	40.88	24.92	15.15	1.22
	蓄积量（立方米）	146760.00	20710.00	55180.00	40350.00	29250.00	1270.00
	比例（%）	100.00	14.11	37.60	27.49	19.93	0.87
妥乐	面积（公顷）	332.60	14.00	139.10	9.80	79.70	90.00
	比例（%）	100.00	4.21	41.82	2.95	23.96	27.06
	蓄积量（立方米）	25380.00	910.00	11630.00	830.00	4520.00	7490.00
	比例（%）	100.00	3.59	45.82	3.27	17.81	29.51
中宝	面积（公顷）	2179.20	300.10	891.70	563.30	390.40	33.70
	比例（%）	100.00	13.77	40.92	25.85	17.91	1.55
	蓄积量（立方米）	158860.00	8200.00	56000.00	49960.00	42970.00	1730.00
	比例（%）	100.00	5.16	35.25	31.45	27.05	1.09

昆明市海口林场森林资源面积空间分布如图 2-4 所示，表现为中宝营林区最大，其次是山冲营林区和宽地坝营林区，最小的是妥乐营林区。

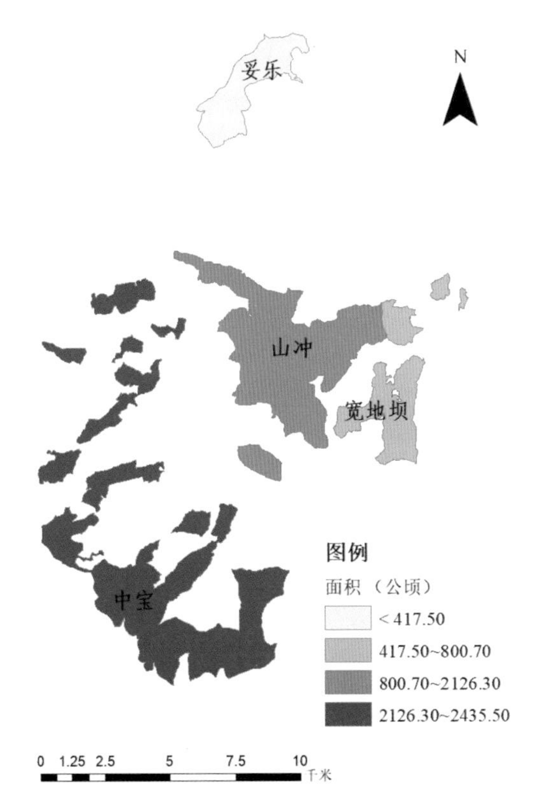

图 2-4　昆明市海口林场森林面积空间分布

昆明市海口林场乔木林蓄积量空间分布如图 2-5 所示，表现为中宝营林区最大（15.89 万立方米），其次是山冲营林区（14.68 万立方米）和宽地坝营林区（6.53 万立方米），最小的是妥乐营林区（2.54 万立方米）。

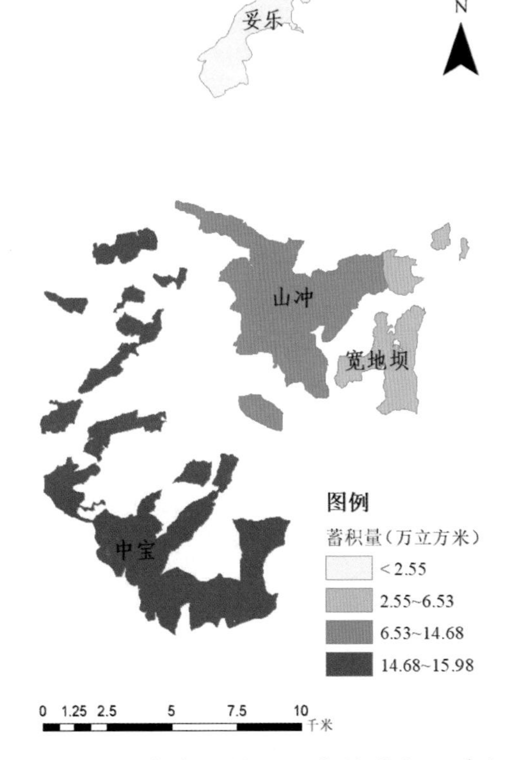

图 2-5　昆明市海口林场乔木林蓄积量空间分布

第三章

森林生态系统服务功能物质量评估

党的十九大报告提出“提供更多优质生态产品以满足人民日益增长的优美生态环境需要”，生态产品成为“两山”理论在实际工作中的有形助手，是绿水青山在实践中的代名词(第十八届中央委员会，2017)。环境经济核算体系中心框架中，实物量计量的核心是自然投入、产出和剩余物流量。本章在SEEA—EEA、《陆地生态系统生产总值（GEP）核算技术指南》等文件的指导下，依据国家标准《森林生态系统服务功能评估规范》(GB/T 38582—2020)，对昆明市海口林场森林生态系统服务功能的物质量开展评估研究，进而揭示昆明市海口林场森林生态系统服务的特征。

物质量评估主要是对生态系统提供服务的物质数量进行评估，即根据不同区域、不同生态系统的结构、功能和过程，从生态系统服务功能机制出发，利用适宜的定量方法确定生态系统服务功能的质量数量。

物质量评估的特点是评价结果比较直观，能够比较客观地反映生态系统的生态过程，进而反映生态系统的可持续性。但是，由于运用物质量评价方法得出的各单项生态系统服务的量纲不同，因而无法进行加总，不能够评价某一生态系统的综合生态系统服务。

第一节　森林生态系统服务功能物质量评估总结果

根据昆明市海口林场森林生态连清体系和服务功能评估方法，对该地区森林生态系统保育土壤、林木养分固持、涵养水源、固碳释氧和净化大气环境5项功能18项指标物质量进行评估，结果见表3-1。

表 3-1　昆明市海口林场森林生态系统服务功能物质量

<table>
<tr><th>服务类别</th><th>功能类别</th><th colspan="2">指标</th><th>物质量</th></tr>
<tr><td rowspan="8">支持服务</td><td rowspan="5">保育土壤</td><td colspan="2">固土（万吨/年）</td><td>26.23</td></tr>
<tr><td colspan="2">减少氮流失（万吨/年）</td><td>0.02</td></tr>
<tr><td colspan="2">减少磷流失（万吨/年）</td><td>0.04</td></tr>
<tr><td colspan="2">减少钾流失（万吨/年）</td><td>0.24</td></tr>
<tr><td colspan="2">减少有机质流失（万吨/年）</td><td>0.78</td></tr>
<tr><td rowspan="3">林木养分固持</td><td colspan="2">氮固持（吨/年）</td><td>114.16</td></tr>
<tr><td colspan="2">磷固持（吨/年）</td><td>57.36</td></tr>
<tr><td colspan="2">钾固持（吨/年）</td><td>99.85</td></tr>
<tr><td rowspan="10">调节服务</td><td>涵养水源</td><td colspan="2">调节水量（亿立方米/年）</td><td>0.18</td></tr>
<tr><td rowspan="2">固碳释氧</td><td colspan="2">固碳（万吨/年）</td><td>1.14</td></tr>
<tr><td colspan="2">释氧（万吨/年）</td><td>2.67</td></tr>
<tr><td rowspan="7">净化大气环境</td><td colspan="2">提供负离子（$\times 10^{22}$个/年）</td><td>5.29</td></tr>
<tr><td rowspan="3">吸收气体污染物（万千克/年）</td><td>吸收二氧化硫</td><td>91.20</td></tr>
<tr><td>吸收氟化物</td><td>1.40</td></tr>
<tr><td>吸收氮氧化物</td><td>3.60</td></tr>
<tr><td rowspan="3">滞尘</td><td>滞纳TSP（万吨/年）</td><td>13.36</td></tr>
<tr><td>滞纳PM_{10}（万千克/年）</td><td>5.17</td></tr>
<tr><td>滞纳$PM_{2.5}$（万千克/年）</td><td>2.07</td></tr>
</table>

一、保育土壤

土壤是地表的覆盖物，充当着大气圈和岩石圈的交界面，是地球的最外层。土壤具有生物活性，并且是由有机和无机化合物、生物、空气和水形成的复杂混合物，是陆地生态系统中生命的基础；土壤养分增加可能会影响土壤碳储量，对土壤化学过程的影响较为复杂（UK National Ecosystem Assessment，2011）。昆明市海口林场森林生态系统固土总物质量是牧羊河流域多年平均输沙量 3.46 万吨的 7.58 倍（图 3-1），昆明市海口林场经营范围内主要河流海口河是滇池唯一的出水口，海口河由滇池流出后，自东南向西北经林场中部流向安

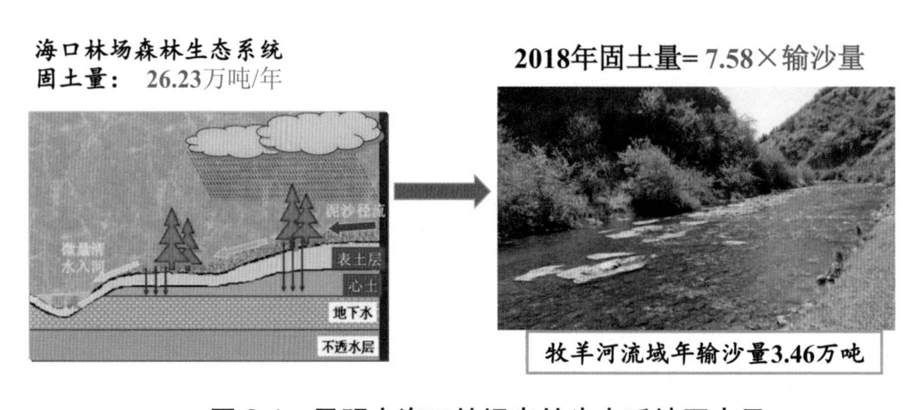

图 3-1　昆明市海口林场森林生态系统固土量

宁市境内，注入普渡河，最终流入金沙江，其森林生态系统固土能力较强，能有效地减少周边河流的输沙量。昆明市海口林场森林生态系统保肥量是昆明市 2018 年化肥折纯施用量 18.73 万吨（昆明市统计局，2019）的 5.77%（图 3-2）。可见，昆明市海口林场森林生态系统保育土壤功能作用显著，对维持全市社会、经济、生态环境的可持续发展具有重要作用；对于该区域固持土壤避免土壤崩塌泄流、减少土壤肥力损失、保障人民生产生活安全等意义重大。

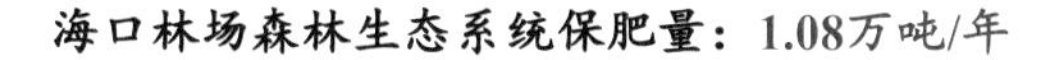

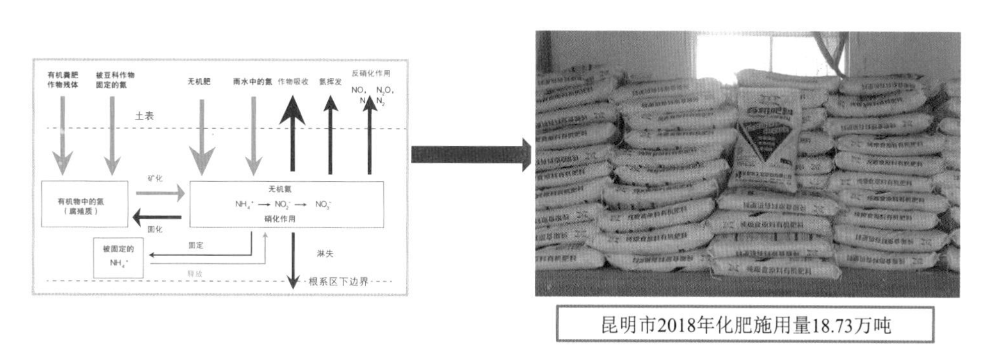

图 3-2　昆明市海口林场森林生态系统保肥量

二、林木养分固持

林木在生长过程中不断从周围环境中吸收营养物质，固定在植物体中，成为全球生物化学循环不可缺少的环节。地下动植物（包括菌根关系）促进了基本的生物地球化学过程，促进土壤，植物养分和肥力的更新（UK National Ecosystem Assessment，2011）。昆明市海口林场森林生态系统林木养分固持总量相当于昆明市 2018 年化肥施用总量 18.73 万吨（昆明市统计局，2019）的 0.15%（图 3-3）。从林木养分固持的过程可以看出，昆明市海口林场森林生态系统可以一定程度上减少因为水土流失而带来的养分损失，在其生命周期内，使得固定在体内的养分元素在此进入生物地球化学循环，极大地降低了给水库和湿地水体带来富营养化的可能性。

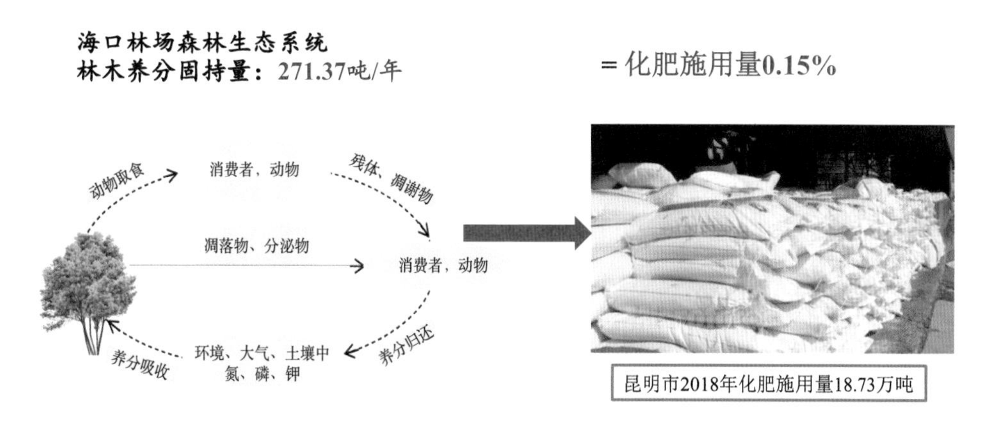

图 3-3　昆明市海口林场森林生态系统林木养分固持量

三、涵养水源

水作为一种基础性自然资源，是人类赖以生存的生命之源。而当前，随着人口的增长和对自然资源需求量的增加以及工业化的发展和环境状况的恶化，水资源需求量不断增加的同时，水环境也不断恶化，水资源短缺已成为世人共同关注的全球性问题。林地的水源管理功能需要得到足够的认识，它是人们安全生存以及可持续发展的基础（UK National Ecosystem Assessment，2011）。随着昆明市社会经济发展，需水量将逐步增加，城市供水的供需矛盾日益突出，必须将水资源的永续利用与保护作为实施可持续发展的战略重点，以促进昆明“生态—经济—社会”的健康运行与协调发展。如何破解这一难题，应对昆明水资源不足与社会、经济可持续发展之间的矛盾，只有从增加贮备和合理用水这两方面着手，建设水利设施拦截水流增加贮备的工程方法。同时运用生物工程的方法，特别是发挥森林生态系统的涵养水源功能，也应该引起人们的高度关注。昆明市海口林场森林生态系统涵养水源总物质量相当于昆明市 2018 年水资源总量 65.06 亿立方米 / 年的 0.28%，是昆明市大中型水库蓄水量 10.41 亿立方米的 1.73%（昆明市水务局，2018），也是松华坝水库库容 2.19 亿立方米的 8.22%（图 3-4）。可见，昆明市海口林场生态系统发挥着巨大的涵养水源功能，正如一座绿色水库，对维护滇池乃至昆明的水资源安全、保障水资源永续利用具有重要作用。

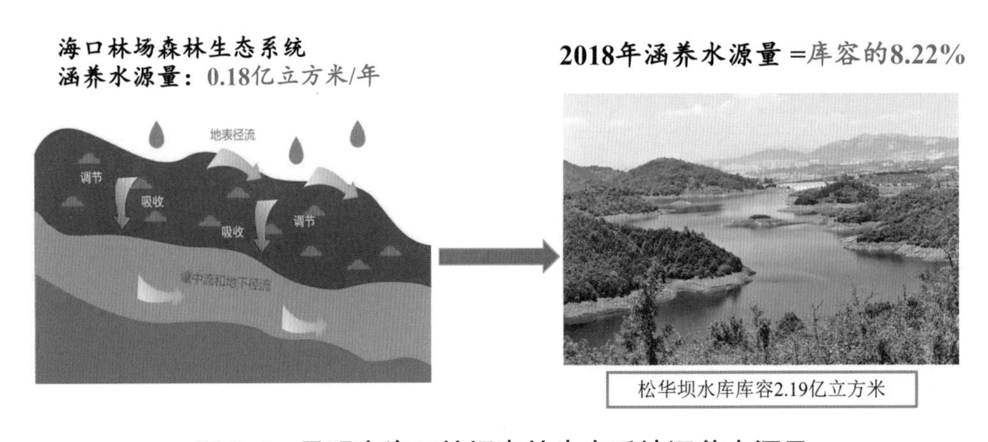

图 3-4 昆明市海口林场森林生态系统涵养水源量

四、固碳释氧

英国提出并实施了“林地碳准则”，这是一个自愿碳封存项目的试点标准，该准则旨在通过鼓励对林地碳项目采取一致的做法，为以固碳为目的种植树木的企业和个人提供保障（UK National Ecosystem Assessment，2011）。森林是陆地生态系统最大的碳储库，在全球碳循环过程中起着重要作用。昆明市海口林场森林覆盖率较高，活立木蓄积量大，在吸收二氧化碳、减缓气候变暖方面具有重要作用。昆明市作为西南地区重要的城市，随着社会经济的发展，对能源的需求较高，依据《2018 年昆明市国民经济和社会发展公报》得知，昆明市 2018 年能源的消费总量是 2475.18 万吨标准煤，利用碳排放转换系数 0.68（中国国家标准化管理委员会，2008）换算可知，昆明市 2018 年碳排放量（CO_2）为 1683.12 万吨，昆明市海

口林场森林生态系统固碳量为 1.14 万吨 / 年，折合成二氧化碳需要乘以系数 3.67，所以昆明市海口林场森林固定二氧化碳量为 4.15 万吨 / 年，相当于抵消了 2018 年昆明市碳排放量的 0.25%（图 3-5），这为节能减排赢得了时间。可见，昆明市海口林场森林生态系统吸收工业碳排放能够很好地实现绿色减排目标，与工业减排相比，森林固碳投资少、代价低、综合效益大，更具经济可行性和现实操作性。因此，通过森林吸收、固定二氧化碳是实现减排目标的有效途径。

图 3-5 昆明市海口林场森林生态系统固碳量

五、净化大气环境

空气负离子是一种重要的无形旅游资源，具有杀菌、降尘、清洁空气的功效，被誉为“空气维生素与生长素”，对人体健康十分有益；还能改善肺器官功能，增加肺部吸氧量，促进人体新陈代谢，激活肌体多种酶和改善睡眠，提高人体免疫力、抗病能力（牛香等，2017）。植物吸收二氧化硫、氮氧化物和氟化物等大气污染物，叶片具有吸附、吸收污染物或阻碍污染物扩散的作用。大气中 $PM_{2.5}$ 浓度较高会直接危害人类健康，给社会带来极大的负担和经济损失。绿色植物是 $PM_{2.5}$ 等细颗粒物的克星，发挥着巨大的吸尘功能。习近平总书记在党的十九大报告中指出：坚持全民共治、源头防治，持续实施大气污染防治行动，打赢蓝天保卫战。森林在净化大气方面的功能无可替代，昆明市海口林场森林生态系统年提供负离子 5.29×10^{22} 个。二氧化硫是大气的主要污染物之一，对人体健康以及动植物生长危害比较严重。同时，硫元素还是树木体内氨基酸的组成成分，也是林木所需要的营养元素之一，所以树木中都含有一定量的硫，在正常情况下树体中硫含量为干重的 0.1%~0.3%。当空气被二氧化硫污染时，树木体内的含量为正常含量的 5~10 倍。2018 年昆明市海口林场森林生态系统吸收二氧化硫总物质量是昆明市 2018 年大气二氧化硫总排放量 4811.90 万千克（昆明市统计局，2019）的 1.90%（图 3-6），这表明昆明市海口林场森林生态系统的吸收污染物能力较强。

图 3-6　昆明市海口林场森林生态系统吸收二氧化硫量

森林生态系统可通过增加地表粗糙度，降低风速以及枝叶、秸秆的吸附作用，对吸收污染物和大气颗粒物的吸附起着重要作用（Nowak et al.，2013)。昆明市海口林场森林生态系统滞纳 TSP 总物质量是昆明市 2018 年工业粉尘排放量 3.88 万吨（昆明市统计局，2019）的 3.44 倍（图 3-7)，这是森林的潜在滞尘量，这说明昆明市海口林场森林滞纳 TSP 量较高，能发挥这样的功能，表明昆明市海口林场森林生态系统的生态承载力较高。可见，昆明市海口林场森林生态系统在净化大气环境方面具有重大作用，未来随着森林生长发育及森林质量的不断提高，其净化大气环境还有较大潜力。

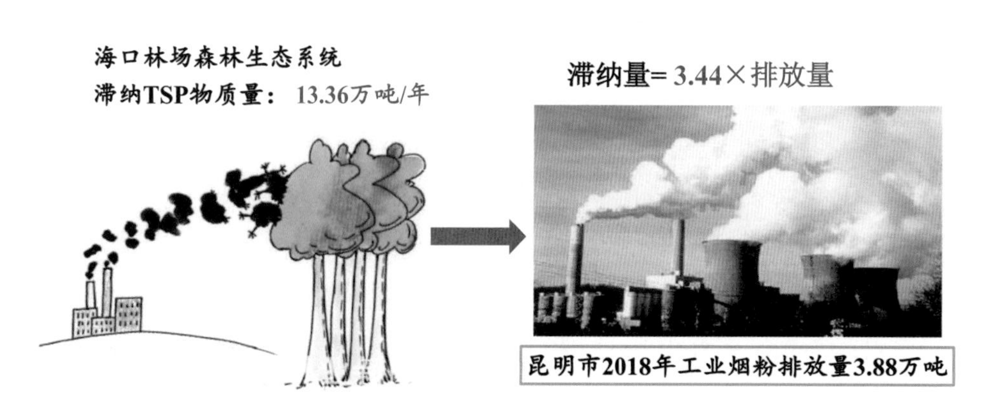

图 3-7　昆明市海口林场森林生态系统滞纳 TSP 量

第二节　各营林区森林生态系统服务功能物质量评估结果

依据国家标准《森林生态系统服务功能评估规范》(GB/T 38582—2020）和 SEEA 核算体系对昆明市海口林场下辖 4 个营林区的森林生态系统服务的物质量进行核算，各营林区的森林生态系统服务物质量见表 3-2，各项森林生态系统服务物质量在各营林区间的空间分布格局如图 3-8 至图 3-25。

表 3-2　昆明市海口林场各营林区森林生态系统服务功能物质量

营林区	支持服务								调节服务
	保育土壤（万吨/年）					林木养分固持（吨/年）			涵养水源(亿立方米/年)
	固土	保肥				氮固持	磷固持	钾固持	调节水量
		减少氮流失	减少磷流失	减少钾流失	减少有机质流失				
宽地坝	3.80	0.00	0.01	0.04	0.10	17.94	10.52	16.48	0.03
山冲	9.18	0.01	0.01	0.08	0.26	38.65	21.02	34.07	0.06
妥乐	2.41	＜0.01	＜0.01	0.02	0.07	6.03	4.18	8.57	0.01
中宝	10.83	0.01	0.02	0.10	0.34	51.54	21.65	40.73	0.07
合计	26.23	0.02	0.04	0.24	0.77	114.16	57.36	99.85	0.17

营林区	调节服务								
	固碳释氧（万吨/年）		净化大气环境						
	固碳	释氧	提供负离子($\times 10^{22}$个/年)	吸收污染气体（万千克/年）			滞尘（万千克/年）		
				吸收二氧化硫	吸收氟化物	吸收氮氧化物	滞纳TSP	滞纳PM_{10}	滞纳$PM_{2.5}$
宽地坝	0.17	0.40	0.80	13.29	0.20	0.53	1946.46	0.76	0.30
山冲	0.37	0.85	1.85	34.05	0.43	1.25	5112.40	1.96	0.79
妥乐	0.11	0.29	0.34	5.93	0.18	0.32	720.89	0.27	0.11
中宝	0.49	1.14	2.30	37.93	0.59	1.50	5579.81	2.17	0.87
合计	1.14	2.67	5.29	91.20	1.40	3.60	13359.56	5.17	2.07

一、保育土壤

水土流失是人类所面临的重要环境问题，已经成为经济、社会可持续发展的一个重要制约因素。我国是世界上水土流失十分严重的国家，减少林地的土壤侵蚀模数能够很好地减少林地的土壤侵蚀量，对林地的土壤形成很好的保护作用。为保护土壤免受侵蚀和其他物理变化（硬化、板结等）而采取的活动和措施，包括旨在恢复土壤的保护性植被的方案 (SEEA, 2012)。森林生态系统土壤形成与保持功能主要表现在森林植被根系具有固定土壤结构、保持土壤肥力等。同时，通过活地被物和凋落层截留降水，降低雨水对森林土壤的冲击及地表径流的侵蚀作用，这些作用防止了水土流失，保护了土壤结构的稳定。昆明市海口林场森林生态系统固土量空间分布如图 3-8，中宝营林区森林生态系统年固土量最高，占昆明市海口林场森林生态系统固土总量的 41.30%；其次是山冲营林区和宽地坝营林区；妥乐营林区最小，仅占昆明市海口林场森林生态系统固土总量的 9.20%；中宝营林区年固土量是妥乐营林区的 10.87 倍。这与中宝营林区森林面积较大有关，森林生态系统的固土作用能够有效地延长该区内水库的使用寿命，为本区域社会、经济发展提供了重要保障。昆明市海口林场所处区域最高海拔高 2410 米，最低处海拔高 1900 米，山脉呈南北延伸，地形变化不大。大量研究表明，森林植被根系与土壤密不可分，土壤与植物及其凋落物进行着密切的物质能量交换，因此土壤作用于植物，使其根系的分布范围及深度得到广泛扩大，从而增加了森林生态系统对土壤的固持能力。

图 3-8　昆明市海口林场各营林区森林生态系统固土量空间分布

土壤具有支持植物最佳生长所需的数量、形态和提供营养元素的潜力（UK National Ecosystem Assessment, 2011）。森林植被的生长加速了生态系统中养分循环和土壤微生物的能力，有利于改善土壤结构，增加植物根系和土壤的结合能力，进而更好地发挥了保肥功能。昆明市海口林场森林生态系统保肥总量为 1.08 万吨 / 年，昆明市海口林场各营林区的森林生态系统在一定程度上降低了以滑坡和崩塌为代表的地质灾害发生的可能。在不同营林区中保肥量差异明显，最高的是中宝营林区，最低的是妥乐营林区，山冲营林区和宽地坝营林区居中，中宝营林区森林生态系统年保肥量占昆明市海口林场森林生态系统保肥总量的 43.52%。昆明市海口林场各营林区森林生态系统减少土壤氮、磷、钾和有机质流失如图 3-9 至图 3-12 所示，从各项指标物质量空间分布上看，表现为南部地区的中宝营林区森林生态系统保肥量较高，而中部地区的山冲营林区和宽地坝营林区森林生态系统保肥量居中，北部地区的妥乐营林区保肥量最小。

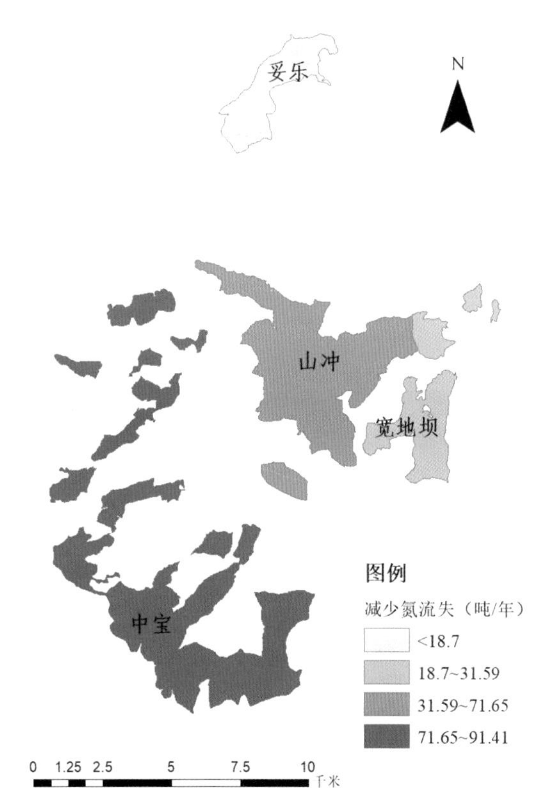

图 3-9　昆明市海口林场各营林区森林生态系统减少氮流失量空间分布

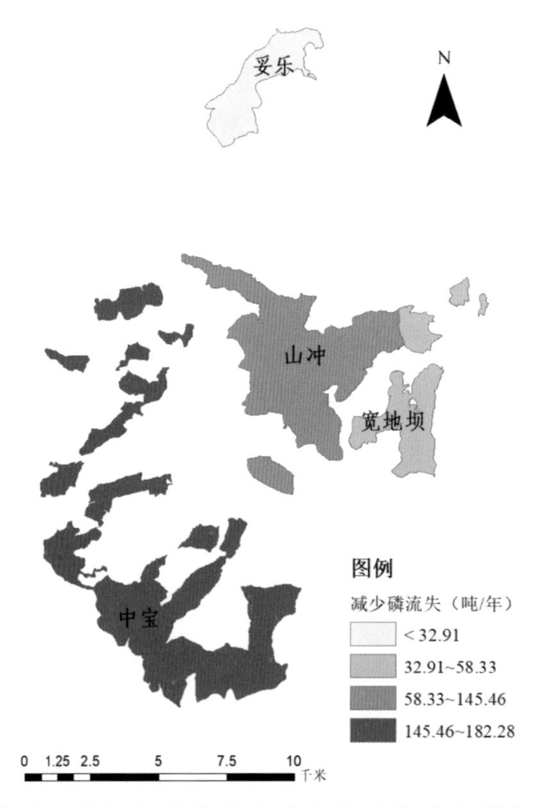

图 3-10 昆明市海口林场各营林区森林生态系统减少磷流失量空间分布

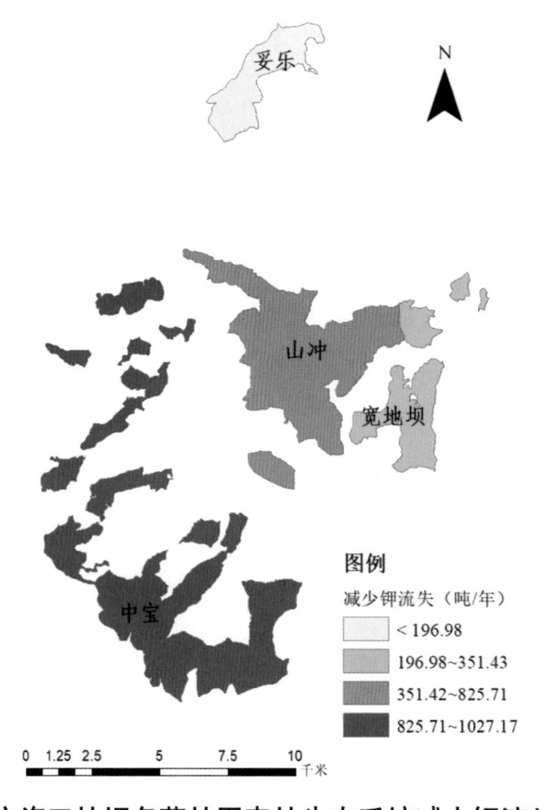

图 3-11 昆明市海口林场各营林区森林生态系统减少钾流失量空间分布

图 3-12 昆明市海口林场各营林区森林生态系统减少有机质流失量空间分布

二、林木养分固持

由图 3-13 至图 3-15 可知，各营林区林木养分固持量具有一定的规律性，中宝营林区的林木固持氮、磷、钾量最大，占昆明市海口林场森林生态系统林木养分固持总量的 41.98%；山冲营林区和宽地坝营林区的林木固持氮、磷、钾量排第二和第三位，妥乐营林区的林木固持氮、磷、钾量最低，仅占昆明市海口林场森林生态系统林木养分固持总量 6.92%。从 3 种固持元素来看，表现为固持氮量最大，其次是固持钾量，固持磷量最小。林木在生长过程中不断从周围环境吸收营养物质，固定在植物体内，成为全球生物化学循环不可缺少的环节。林木养分固持功能与保育土壤功能中的保肥功能，无论从机理、空间部位，还是计算方法上都有本质区别，前者属于生物地球化学循环的范畴，而保肥功能是从水土保持的角度考虑，即如果没有这片森林，每年水土流失中也将包含一定的营养物质，属于物理过程。从林木养分固持的过程可以看出，林木可以一定程度上减少因为水土流失而带来的养分损失，固定在其生命周期内，使得固定在林木体内的养分元素进入生物地球化学循环，极大地降低带来水库和湿地水体富营养化的可能性。

图 3-13　昆明市海口林场各营林区森林生态系统氮固持量空间分布

图 3-14　昆明市海口林场各营林区森林生态系统磷固持量空间分布

图 3-15 昆明市海口林场各营林区森林生态系统钾固持量空间分布

三、涵养水源

森林植被与水文过程有着重要的生态效应，主要表现在森林植被和土壤具有截留贮存、吸收降水、抑制蒸发、净化水质、调节径流等功能。因此，森林生态系统被誉为“天然绿色水库”，对调节生态平衡具有重要的不可替代的作用。云南省境内由于地形与气候的差异，各地区森林资源分布差异较大，昆明市海口林场地处昆明市境内，属于滇中高原区域，降水量较丰富。由表 3-2 和图 3-16 可知，昆明市海口林场森林生态系统调节水量变化趋势由南向北逐渐减少。其中，调节水量最高的为中宝营林区，年调节水量为 0.07 亿立方米，占昆明市海口林场森林生态系统调节水量总量的 41.02%；其次是山冲营林区和宽地坝营林区；最低的是妥乐营林区，年调节水量仅为 0.01 亿立方米，仅占昆明市海口林场森林生态系统调节水量总量的 8.27%。但各营林区单位面积调节水量差异相对较小，说明各营林区的森林生态系统能够有效地延缓径流产生的时间，增加入渗量。这主要通过地下部分改善土壤的理化性质以增加径流的入渗强度，最终实现对水源的涵养。据相关研究表明，一方面，森林土壤中众多的大孔隙由植物根系在生长过程中及死亡腐烂后形成，然后使得地表径流在土壤中可以快速转移，从而加快了土壤的入渗速率。另一方面，各营林区森林生态系统又有效地将高强度的降雨截留，极大程度地降低了地质灾害发生的可能，增加了水资源的有效利用效率，对人们生命财产安全和农田产量起到了重要的保护作用。

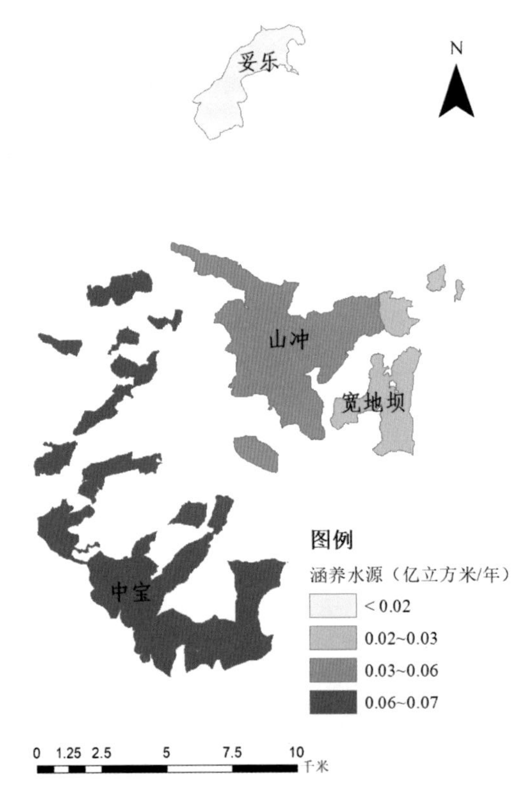

图 3-16　昆明市海口林场各营林区森林生态系统涵养水源量空间分布

四、固碳释氧

森林是陆地生态系统最大的碳储库，在全球碳循环过程中起着重要作用。就森林对储存碳的贡献而言，森林面积占全球陆地面积的 27.6%，森林植被的碳贮量约占全球植被的 77%，森林土壤的碳贮量约占全球土壤的 39%（王兵等，2008）。森林固碳机制是通过森林自身的光合作用过程吸收二氧化碳，并蓄积在树干、根部及枝叶等部分，从而抑制大气中二氧化碳浓度的上升，起到了绿色减排的作用。昆明市海口林场作为昆明市西南部地区森林集中分布的地区之一，其固碳释氧量直接受森林面积与林种、林龄等因子的影响。因此，各营林区的固碳能力也存在较大差异。由表 3-2 和图 3-17 可知，昆明市海口林场森林生态系统固碳量最高的是中宝营林区，年固碳量为 0.49 万吨，占整个林场固碳总量的 43.20%；宽地坝营林区和山冲营林区的森林生态系统固碳量排二、三位；最低的是妥乐营林区，其固碳量仅为 0.11 万吨 / 年，占昆明市海口林场森林生态系统固碳总量的 9.26%。

昆明市海口林场各营林区森林生态系统的释氧量分布规律与固碳量一致（图 3-18），最高的是中宝营林区，年释氧量为 1.14 万吨 / 年，占昆明市海口林场森林生态系统释氧量的 42.49%；宽地坝营林区和山冲营林区的森林生态系统释氧量排二、三位；最低的是妥乐营林区，其释氧量仅为 0.29 万吨 / 年，占昆明市海口林场森林生态系统释氧总量的 10.96%。

昆明市海口林场固碳释氧功能在空间上表现为南部大于北部，这与南部营林区森林质量较好有关。由于蓄积量与生物量存在定量关系，则蓄积量可以代表森林质量，中宝营林区的森林蓄积量较大，妥乐营林区的森林蓄积量较小。研究表明，生物量的高生长会带动其他森林生态系统服务功能项的增强，生态系统的单位面积、生态功能的大小与该生态系统的生物量有密切关系。一般来说，生物量越大，生态系统功能越强。故昆明市海口林场南部营林区森林由于较大的蓄积量，其固碳释氧功能较强。

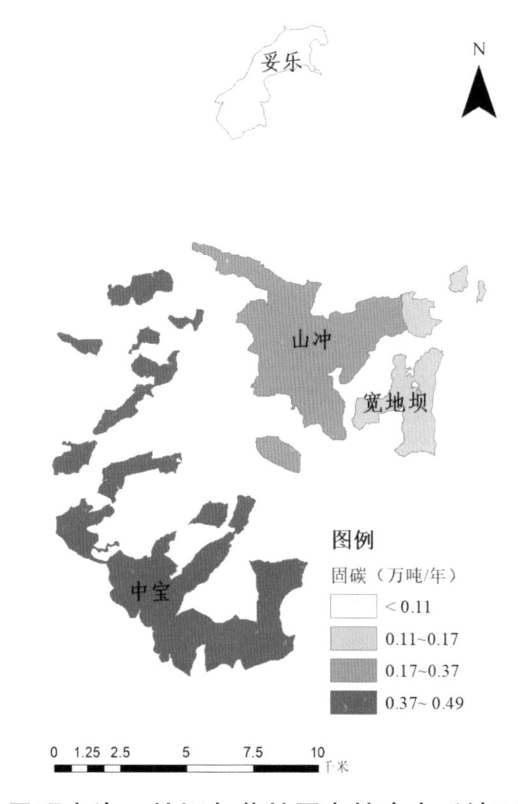

图 3-17　昆明市海口林场各营林区森林生态系统固碳量空间分布

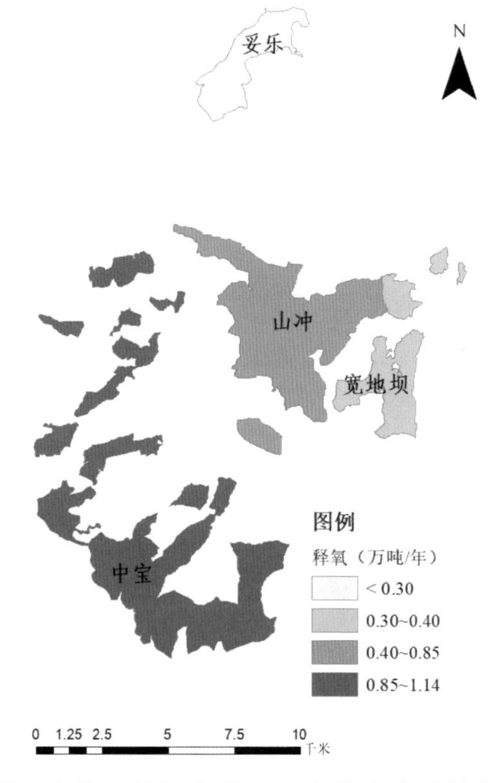

图 3-18　昆明市海口林场各营林区森林生态系统释氧量空间分布

五、净化大气环境

森林生态系统被誉为“大自然总调度室”，因其一方面森林中乔木较高大，枝叶茂盛，对大气的污染物如二氧化硫、氟化物、氮氧化物、粉尘、重金属具有很好的阻滞、过滤、吸附和分解作用，并提供负离子等物质；另一方面，树叶表面粗糙不平，通过绒毛、油脂或其他黏性物质可以吸附部分沉降，最终完成净化大气环境的过程，有效地改善人们生活生态环境、保证社会经济健康发展。

空气负离子是一种重要的无形旅游资源，具有杀菌、降尘、清洁空气的功效，被誉为“空气维生素与生长素”，对人体健康十分有益，能改善肺器官功能，增加肺部吸氧量，促进人体新陈代谢，激活肌体多种酶和改善睡眠，提高人体免疫力、抗病能力。随着森林生态旅游的兴起及人们保健意识的增强，空气负离子作为一种重要的森林旅游资源已越来越受到人们的重视，有关空气负离子的研究就成为众多学者的研究课题。森林环境中的空气负离子浓度高于城市居民区的空气负离子浓度，人们到森林游憩区旅游的重要目的之一是呼吸清新的空气。许多景区和森林公园的负离子达到天然氧吧的标准，这是由于其植被丰富，森林植被覆盖率高，水文条件良好。由图 3-19 可知，昆明市海口林场森林生态系统提供负离子量最高的是中宝营林区，占昆明市海口林场森林生态系统提供负离子总量的 43.42%；其次是山冲营林区，年提供负离子量为 1.85×10^{22} 个，占昆明市海口林场森林生态系统提供负离子总量的 35.05%；年提供负离子最小的是妥乐营林区，仅为 0.34×10^{22} 个，占昆明市海口林场森林生态系统提供负离子总量的 6.47%。

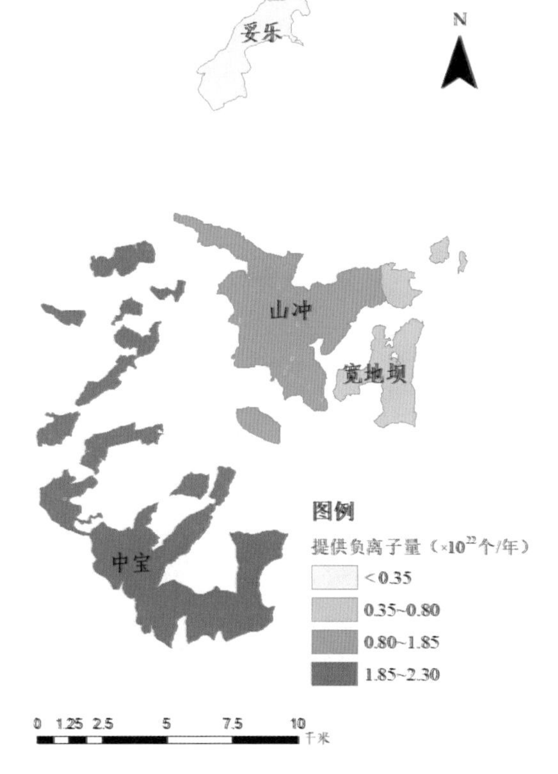

图 3-19　昆明市海口林场各营林区森林生态系统提供负离子量分布

植物叶片具有吸附、吸收污染物或阻碍污染物扩散的作用，这种作用通过两种途径来实现：一是通过叶片吸收大气中的有害物质，降低大气有害物质的浓度；二是将有害物质在体内分解，转化为无害物质后代谢利用。昆明市海口林场各营林区森林生态系统吸收二氧化硫量空间变化如图 3-20，最高的是中宝营林区，吸收二氧化硫量占昆明市海口林场森林生态系统吸收二氧化硫总量的 41.59%；其次是山冲营林区和宽地坝营林区，最小的是妥乐营林区，仅占昆明市海口林场森林生态系统吸收二氧化硫总量的 6.50%。

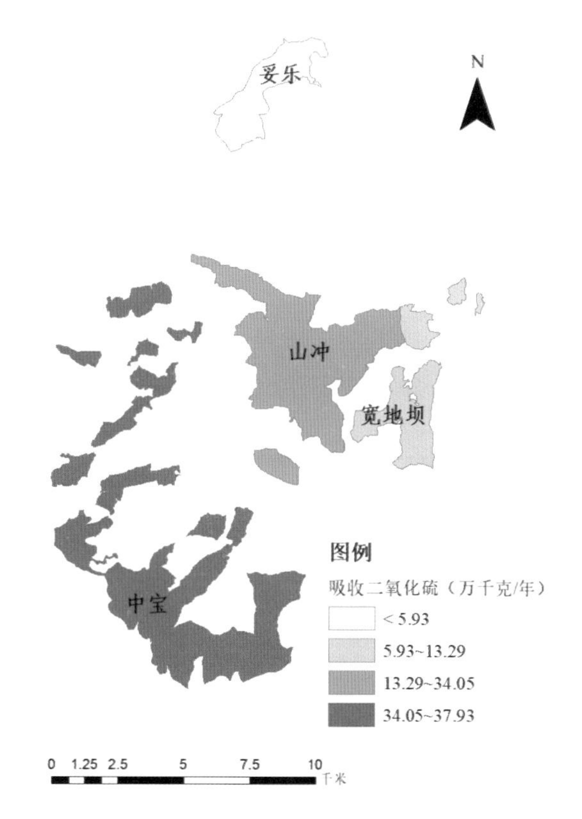

图 3-20 昆明市海口林场各营林区森林生态系统吸收二氧化硫量空间分布

氮氧化物、氟化物是大气污染的重要组成部分，它会破坏臭氧层，从而改变紫外线到达地面的强度。另外，酸雨对生态环境的影响已经广为人知，而大气氮氧化物是酸雨产生的重要来源。昆明市海口林场森林生态系统吸收氮氧化物功能可以减少空气中的氮氧化物含量，降低了酸雨发生的可能性。昆明市海口林场各营林区森林生态系统吸收氟化物量空间变化如图 3-21，最高的是中宝营林区，吸收氟化物量占昆明市海口林场森林生态系统吸收氟化物总量的 42.17%；其次是山冲营林区和宽地坝营林区，最小的是妥乐营林区，仅占昆明市海口林场森林生态系统吸收氟化物总量的 12.65%。

昆明市海口林场各营林区森林生态系统吸收氮氧化物量空间变化如图 3-22，最高的是中宝营林区，吸收氮氧化物量占昆明市海口林场森林生态系统吸收氮氧化物总量的 41.61%；其次是山冲营林区和宽地坝营林区，最小的是妥乐营林区，仅占昆明市海口林场森林生态系统吸收氮氧化物总量的 9.03%。

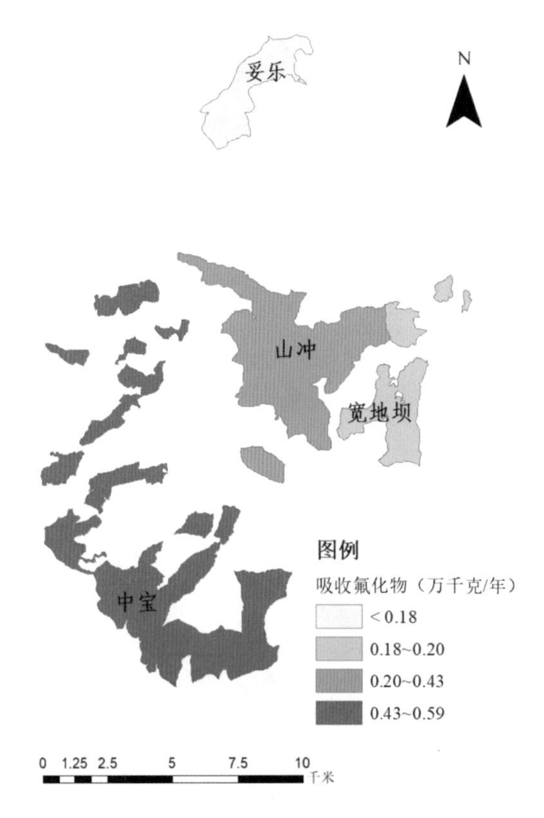

图 3-21　昆明市海口林场各营林区森林生态系统吸收氟化物量空间分布

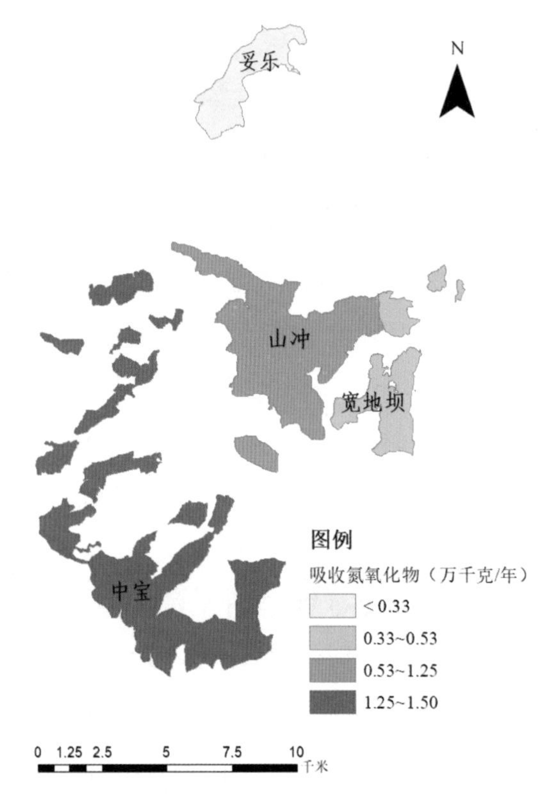

图 3-22　昆明市海口林场各营林区森林生态系统吸收氮氧化物量空间分布

森林的滞尘作用表现：一方面由于森林茂密林冠结构，可以起到降低风速的作用。随着风速的降低，空气中携带的大量空气颗粒物会加速沉降；另一方面，由于植物的蒸腾作用，使树冠周围和森林表面保持较大湿度，使空气颗粒物较容易降落吸附。最重要的还是因为树体蒙尘之后，经过降水的淋洗滴落作用，使得植物又恢复了滞尘能力（孙建博等，2020）。树木的叶面积总数很大，森林叶面积的总和为其占地面积的数十倍，因此使其具有较强的吸附滞纳颗粒物的能力。植被对空气颗粒物有吸附滞纳、过滤的功能，其吸附滞纳能力随植被种类、地区、面积大小、风速等环境因素不同而异，能力大小可相差十几倍到几十倍。昆明市海口林场各营林区森林生态系统滞纳 TSP 量的空间分布如图 3-23，滞纳 TSP 量表现为中宝营林区最大，占昆明市海口林场森林生态系统滞纳 TSP 总量的 41.77%；其次是宽地坝营林区和山冲营林区，妥乐营林区最小，仅占昆明市海口林场森林生态系统滞纳 TSP 总量的 5.40%。昆明市海口林场应该充分发挥森林生态系统治污减霾的作用，调控区域内空气中颗粒物含量，有效地遏制雾霾天气的发生。另外，昆明市海口林场南部的森林生态系统吸附滞纳颗粒物功能较强，有效地消减了空气中颗粒物含量，维护了良好的空气环境质量，提高了区域内森林旅游资源的质量。

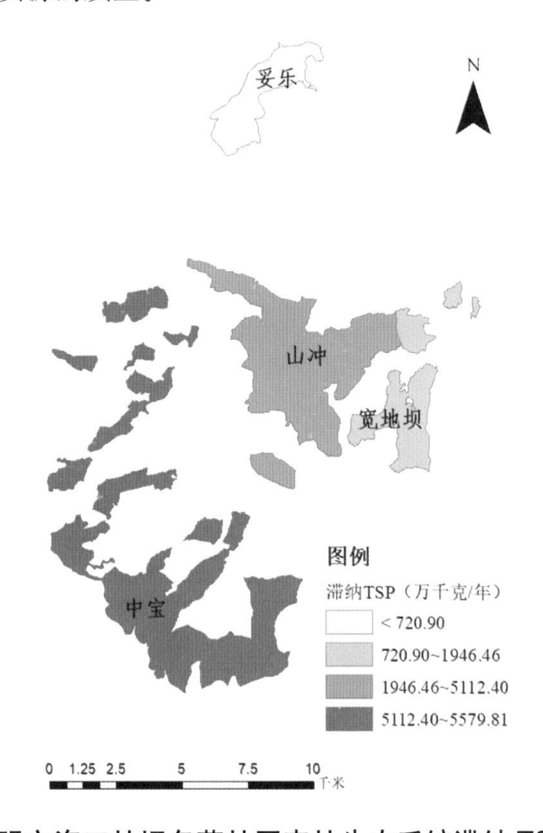

图 3-23 昆明市海口林场各营林区森林生态系统滞纳 TSP 量空间分布

昆明市海口林场各营林区森林生态系统滞纳 PM_{10} 量空间变化如图 3-24，排序为中宝营林区（2.17 万千克 / 年）＞山冲营林区（1.96 万千克 / 年）＞宽地坝营林区（0.76 万千克 / 年）＞妥乐营林区（0.27 万千克 / 年），中宝营林区森林生态系统系统滞纳 PM_{10} 量是妥乐营林区的 7.92 倍。

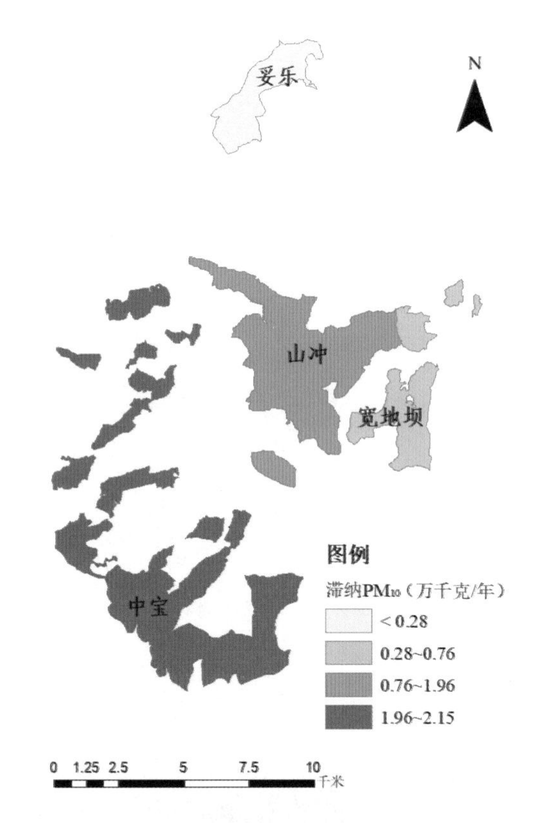

图 3-24 昆明市海口林场各营林区森林生态系统滞纳 PM_{10} 空间量分布

昆明市海口林场各营林区森林生态系统滞纳 $PM_{2.5}$ 量空间变化如图 3-25，最高的是中宝营林区，吸收氮氧化物量占昆明市海口林场森林生态系统滞纳 $PM_{2.5}$ 总量的 41.96%；其次是山冲营林区和宽地坝营林区，最小的是妥乐营林区，仅占昆明市海口林场森林生态系统滞纳 $PM_{2.5}$ 总量的 5.30%。

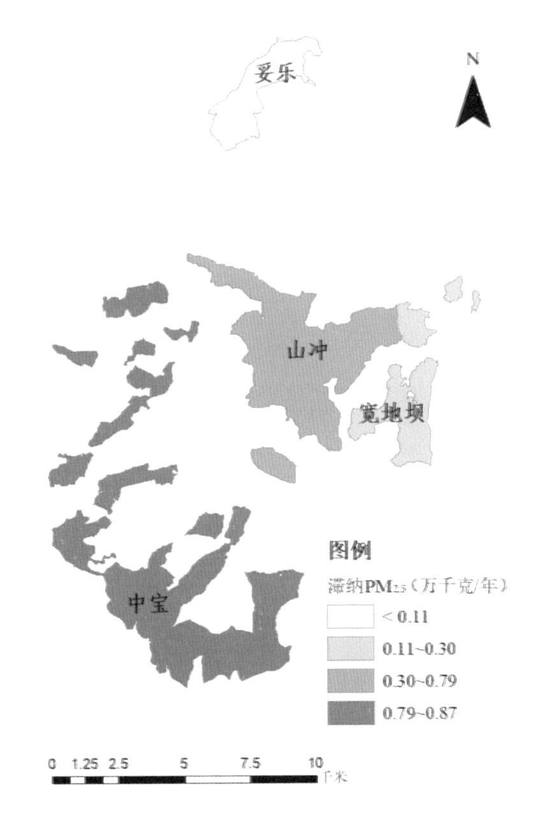

图 3-25　昆明市海口林场各营林区森林生态系统滞纳 $PM_{2.5}$ 量空间分布

据《2018 年昆明市国民经济和社会发展公报》显示：2018 年，昆明市空气中二氧化硫年均浓度为 13 微克 / 立方米，比上年下降 13.33 个百分点；二氧化氮年均浓度为 33 微克 / 立方米，比上年上升 3.13 个百分点；可吸入颗粒物（PM_{10}）年均浓度为 51 微克 / 立方米，细颗粒物（$PM_{2.5}$）28 微克 / 立方米，均达到一级标准。昆明市海口林场森林生态系统吸收二氧化硫量加上工业消减量，对维护海口林场、滇池流域乃至昆明市空气环境质量起到了非常重要的作用。此外，还可以增加当地居民的旅游收入，进一步调整区域内的经济发展模式，提高第三产业经济总量，提高人们保护生态环境的意识，形成一种良性的经济循环模式。

从以上评估结果分析中可知，昆明市海口林场森林生态系统各项服务的空间分布格局基本呈现南部大于其他地区。究其原因，主要分为以下几部分：

第一，与森林面积分布有关。从各项服务的评估公式可知，森林面积是生态系统服务强弱的最直接影响因子。昆明市海口林场的各营林区，由于经营得当，其森林资源受到的破坏程度较低。同时，该区生物多样性较高，其区域内森林资源丰富，类型多样，因此，其各项森林生态系统服务较强。

第二，与森林质量有关，即与生物量有直接的关系。由于蓄积量与生物量存在一定关系，则蓄积量也可以代表森林质量。由森林资源数据可以得出，昆明市海口林场林分蓄积量的空间分布大致上表现为南部营林区最大，其次是中西部营林区林分布较多地区。有研究表明：生物量的高生长也会带动其他森林生态系统服务功能项的增强（夏尚光等，2015）。生态系统的单位面积生态功能的大小与该生态系统的生物量有密切关系；一般来说，生物量越大，生态系统功能越强。优势树种（组）大量研究结果印证了随着森林蓄积量的增长，涵养水源功能逐渐增强的结论，主要表现在林冠截留、枯落物蓄水、土壤层蓄水和土壤入渗等方面的提升。但是，随着林分蓄积量的增长，林冠结构、枯落物厚度和土壤结构将达到一个相对稳定的状态，此时的涵养水源能力应该也处于一个相对稳定的最高值。森林生态系统涵养水源功能较强时，其固土功能也必然较高，其与林分蓄积量也存在较大的关系。林分蓄积量的增加即为生物量的增加。根据森林生态系统固碳功能评估公式可知，生物量的增加即为植被固碳量的增加。另外，土壤固碳量也是影响森林生态系统固碳量的主要原因，地球陆地生态系统碳库的 70% 左右被封存在土壤中。 Post 等（1982）研究表明，在特定的生物、气候带中，随着地上植被的生长，土壤碳库及碳形态将会达到稳定状态，即在地表植被覆盖不发生剧烈变化的情况下，土壤碳库是相对稳定的。随着林龄的增长，蓄积量的增加，森林植被单位面积固碳潜力逐步提升（夏尚光等，2015）。

第三，与林龄结构组成有关。森林生态系统服务是在林木生长过程中产生的，林木的高生长也会对生态系统服务带来正面的影响（宋庆丰等，2015），林木生长的快慢反映在净初级生产力上，影响净初级生产力的因素包括：林分因子、气候因子、土壤因子和地形因子，它们对净初级生产力的贡献率不同，分别为 56.7%、16.5%、2.4% 和 24.4%。同时，林分自身的作用是对净初级生产力的变化影响较大，其中林分年龄最明显，中林龄和近熟林有绝对的优势。从昆明市海口林场森林资源数据中可以看出，中龄林和近熟林面积和蓄积量的空间分布格局与其生态系统服务的空间分布格局一致。有研究表明，林分蓄积量随着林龄的增加而增加。林分年龄与其单位面积水源涵养效益呈正相关性，随着林分年龄的不断增长，这种效益的增长速度逐渐变缓。本研究结果证实了以上现象的存在。随着林龄的增长，林冠面积不断增大，这也就代表森林覆盖率的增加，土壤侵蚀量接近于零时的森林覆盖率高于 95%，随着植被的不断生长，其根系逐渐在土壤表层集中，增加了土壤的抗侵蚀能力。但是，森林生态系统的保育土壤功能不会随着森林的持续增长和林分蓄积量的逐渐增加而持续增长，土壤养分随着地表径流的流失与乔木层及其根、冠生物量呈现幂函数变化曲线的结果，其转折点基本在中龄林与近熟林之间。这主要是因为森林生产力存在最大值现象，其会随着林龄的增长而降低（Gower et al，1996；Murty 和 Murtrie，2000；Song 和 Woodcock，2003），年蓄积量生产量、蓄积量与年净初级生产力（NPP）存在函数关系，随着年蓄积量生产量、蓄积量的增加，生产力逐渐降低。

第四，与林种结构组成有关。林种结构的组成一定程度上反映了某一区域在林业规划中所承担的林业建设任务。比如，当某一区域分布有大面积的防护林，这就说明这一区域林

业建设侧重的是防护功能。当某一特定区域由于地形、地貌等原因，容易发生水土流失时，那么构建的防护林体系一定是水土保持林，主要起到固持水土的功能；当某一特定区域位于大江大河的水源地或者重要水库的水源地时，那么构建的防护林体系一定是水源涵养林，主要起水源涵养和调洪蓄洪的功能。从昆明市海口林场森林资源数据可以得出，昆明市海口林场的涵养水源林树种组成存在差异，导致了昆明市海口林场森林生态系统服务功能呈现目前的空间格局。

第三节　主要优势树种（组）生态系统服务功能物质量评估结果

根据昆明市海口林场森林资源二类调查数据，各林分类型按面积大小排序，从大到小选取约占全场森林面积的 95% 以上的林分类型，作为相对均质化的生态效益评估单元，可知优势树种（组）在昆明市海口林场各营林区的分布格局，具体分布状况见表 3-3。为了测算方便，本研究将部分优势树种（组）进行了合并处理。需要说明的是，本研究中灌木林包括特灌林（国家特别规定灌木林）和非特灌林两部分。本研究根据森林生态系统服务功能评估公式和模型，并基于昆明市海口林场 2018 年的森林资源二类调查数据，评估了主要优势树种（组）生态系统服务的物质量。各优势树种（组）的固碳量和固碳价值按照国家标准《森林生态系统服务功能评估规范》（GB/T 38582—2020）计算出各优势树种（组）潜在固碳量，未减去由于森林采伐消耗造成的碳损失量。主要优势树种（组）生态系统服务物质量评估结果见表 3-4，分布格局如图 3-26 至图 3-45 所示。

表 3-3　各营林区主要优势树种（组）的分布状况

营林区	优势树种（组）
宽地坝	华山松林、桉类林、云南松林、栎类林、柏木林、桤木林
山冲	华山松林、云南松林、柏木林、桉类林、其他软阔类、栎类林、桤木林
妥乐	桉类林、其他软阔类
中宝	华山松林、桤木林、桉类林、云南松林、柏木林、杨树林

一、保育土壤

土壤是地表的覆盖物，充当着大气圈和岩石圈的交界面，是地球的最外层。土壤具有生物活性，并且是由有机和无机化合物、生物、空气和水形成的复杂混合物，是陆地生态系统中生命的基础（UK National EcosystemAssessment，2011）；土壤养分增加可能会影响土壤碳储量，对土壤化学过程的影响较为复杂（UK National Ecosystem Assessment，2011）。目前，土壤侵蚀与水土流失已日益备受人们关注，森林的固土功能是从地表土壤侵蚀程度表现出来。不同森林类型固土能力差异较大，固土量最高的3种优势树种（组）为华山松、桉类和灌木林，占昆明市海口林场固土总量的58.83%。华山松、桉类和灌木林的固土作用主要体现在防治昆明市海口林场各地区水土流失方面，对于维护滇池流域的生态安全意义重大；另外，还极大限度地固定土壤，减少水流冲刷，减少河道和水库淤积，提高了水库的使用寿命，保障了水库河流周边人们的生命财产安全和昆明市的用水安全。最低优势树种（组）为秃杉、杉木，仅占昆明市海口林场总固土量0.37%（图3-26），这些优势树种（组）存在的区域可能存在土壤侵蚀，带走大量表土以及表土中的大量营养物质，而且也会带走下层土壤中的部分可溶解物质，使土壤理化性质发生退化、土壤肥力降低等。

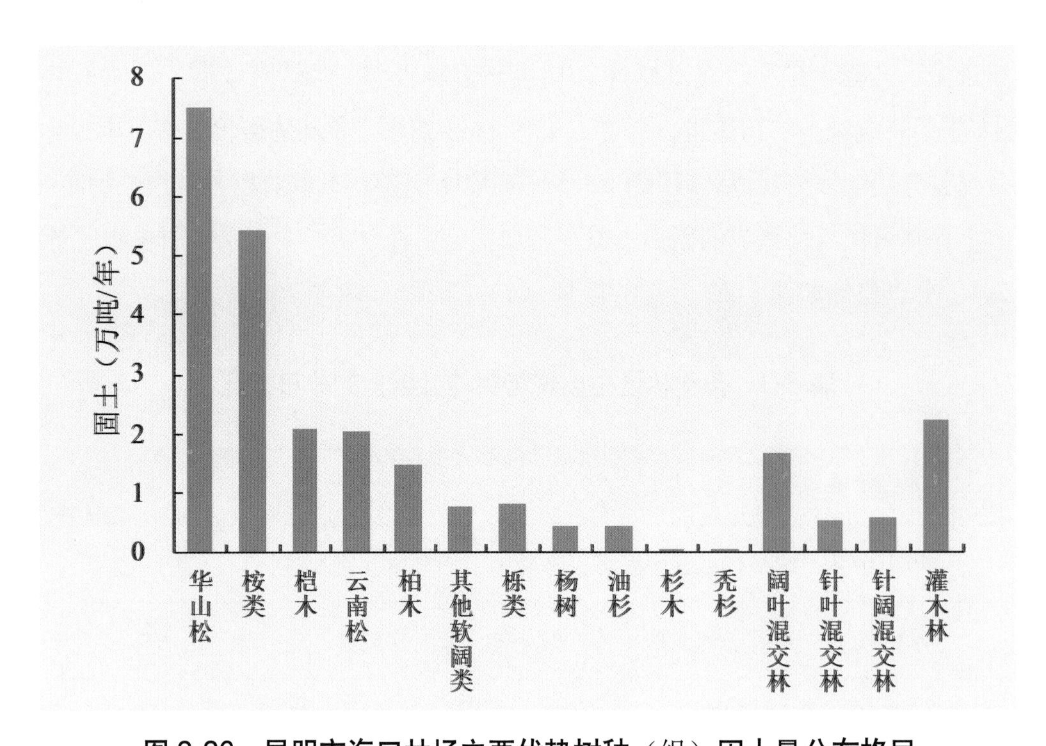

图3-26　昆明市海口林场主要优势树种（组）固土量分布格局

土壤侵蚀造成肥沃的表层土壤大量流失，使土壤理化性质和生物学特性发生相应的退化，导致土壤肥力与生产力的降低。森林生态系统保肥量表现为减少氮、磷、钾和有机质的流失。由图3-27至图3-30可知，保肥量最高的3种优势树种（组）为华山松、桉类和阔叶混交林，占昆明市海口林场森林生态系统保肥总量的63.58%。最低的优势树种（组）为秃

表 3-4 昆明市海口林场不同优势树种（组）生态系统服务物质质量评估结果

优势树种（组）	支持服务								调节服务									
	保育土壤					林木养分固持（吨/年）			涵养水源（万立方米/年）	固碳释氧（吨/年）		净化大气环境						
	固土（万吨/年）	保肥（吨/年）				氮固持	磷固持	钾固持	调节水量	固碳	释氧	提供负离子（$\times10^{22}$个/年）	吸收气体污染物（万千克/年）			滞尘		
		减少氮流失	减少磷流失	减少钾流失	减少有机质流失								吸收二氧化硫	吸收氟化物	吸收氮氧化物	滞纳TSP（万千克/年）	滞纳PM_{10}（千克/年）	滞纳$PM_{2.5}$（千克/年）
华山松	7.49	50.16	207.13	487.03	3062.14	29.35	12.67	25.34	436.61	3335.48	7409.77	1.83	36.40	0.08	1.01	5829.83	21861.86	8744.74
桉类	5.41	40.52	78.79	385.40	1739.23	11.75	9.98	20.82	221.04	2572.53	7520.92	0.77	13.34	0.37	0.72	1596.64	5987.41	2394.97
桤木	2.10	16.49	8.80	247.86	402.10	18.26	5.01	10.03	170.76	1172.97	2575.96	0.56	4.13	0.22	0.28	494.28	1853.54	741.41
云南松	2.04	11.89	12.35	182.92	204.26	3.33	3.56	2.62	117.87	733.11	1536.95	0.39	9.96	0.02	0.28	1594.65	5979.92	2391.97
柏木	1.48	13.09	2.77	177.56	239.70	3.86	2.80	4.41	79.95	568.47	1183.07	0.28	7.26	0.02	0.20	1162.08	4357.80	1743.12
其他软阔类	0.78	6.09	3.25	91.52	148.48	6.74	1.85	3.70	76.50	444.74	951.17	0.21	1.53	0.08	0.10	182.51	684.42	273.77
栎类	0.82	6.46	3.44	67.66	123.01	8.34	8.69	8.67	126.87	338.22	718.89	0.26	1.62	0.08	0.11	193.55	725.80	290.32
杨树	0.42	6.02	0.78	52.99	444.83	2.56	1.10	2.21	32.97	275.98	645.89	0.09	0.83	0.04	0.06	98.93	370.98	148.39
油杉	0.43	1.68	2.62	51.78	51.78	1.15	0.50	0.99	39.37	138.39	290.14	0.09	2.08	＜0.01	0.06	332.72	1247.69	499.07
杉木	0.01	0.03	0.02	0.59	0.66	0.03	0.01	0.02	0.21	2.29	4.91	＜0.01	0.02	＜0.01	＜0.01	3.85	14.45	5.78
秃杉	＜0.01	0.02	＜0.01	0.27	0.52	0.04	0.01	0.02	0.21	2.22	5.19	＜0.01	0.01	＜0.01	＜0.01	1.30	3.91	1.56
阔叶混交林	1.64	21.86	53.44	216.23	511.94	10.71	4.55	7.89	126.52	576.11	1370.77	0.40	3.82	0.17	0.26	431.92	2159.60	863.84
针叶混交林	0.51	9.87	16.58	67.10	158.87	6.78	3.66	5.83	33.79	257.09	633.62	0.13	2.94	0.01	0.08	493.21	2466.06	986.42
针阔混交林	0.57	9.28	18.43	74.58	176.57	6.67	1.71	4.80	37.56	474.49	1232.00	0.14	2.31	0.04	0.09	350.21	1751.05	700.42
灌木林	2.53	19.81	10.56	297.8	483.13	4.57	1.25	2.51	248.93	460.59	645.22	0.15	4.97	0.26	0.33	593.88	2227.06	890.82
合计	26.23	213.27	418.97	2401.29	7747.24	114.16	57.36	99.85	1749.17	11352.69	26724.48	5.29	91.20	1.40	3.60	13359.56	51691.54	20676.62

杉和杉木，仅占昆明市海口林场森林生态系统保肥总量的0.28%。伴随着土壤的侵蚀、水土流失，大量的土壤养分也随之被带走，一旦进入水库或者湿地，长期蓄积，极有可能引发水体的富营养化，导致水体营养过剩，发生更为严重的生态灾难。其次，由于土壤侵蚀、水土流失，导致土壤贫瘠化，人们为了增加作物产量，便会加大肥料使用量，继而带来严重的面源污染，使其进入一种恶性循环。华山松、桉类和阔叶混交林等优势树种（组）作为昆明市海口林场的典型代表树种，且保育土壤能力较强，应在后期的人工种植和抚育中增加面积，以为后期提高保育土壤功能奠定基础。

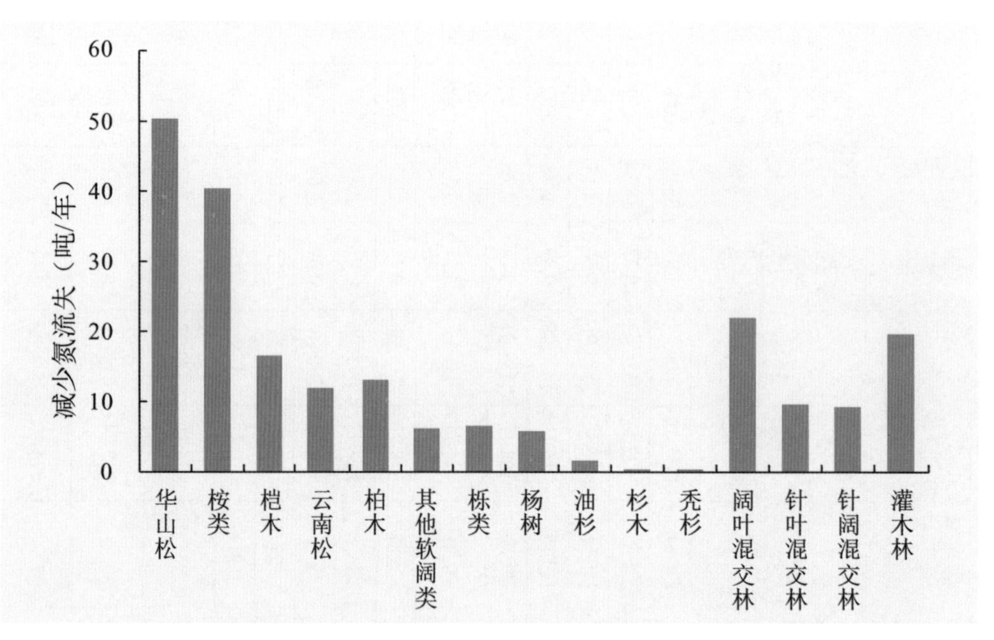

图3-27　昆明市海口林场主要优势树种（组）减少氮流失量分布格局

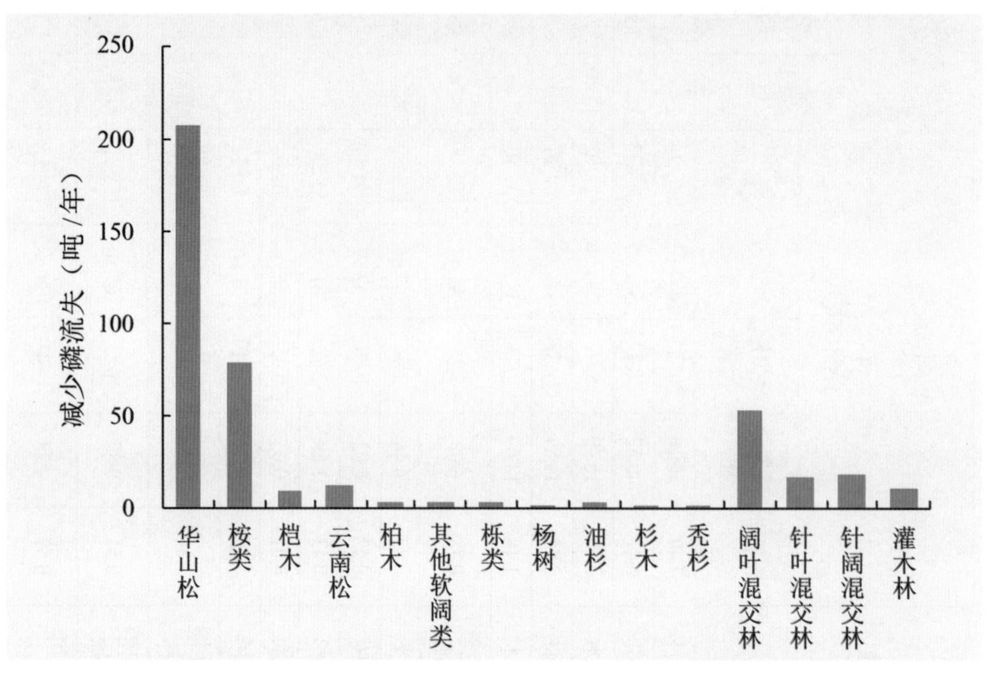

图3-28　昆明市海口林场主要优势树种（组）减少磷流失量分布格局

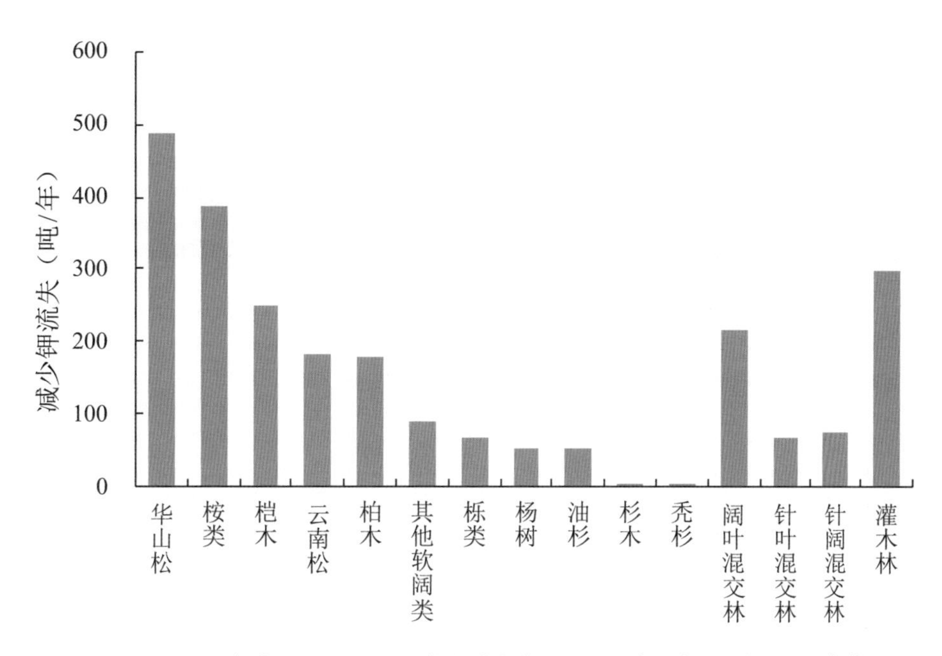

图 3-29　昆明市海口林场主要优势树种（组）减少钾流失量分布格局

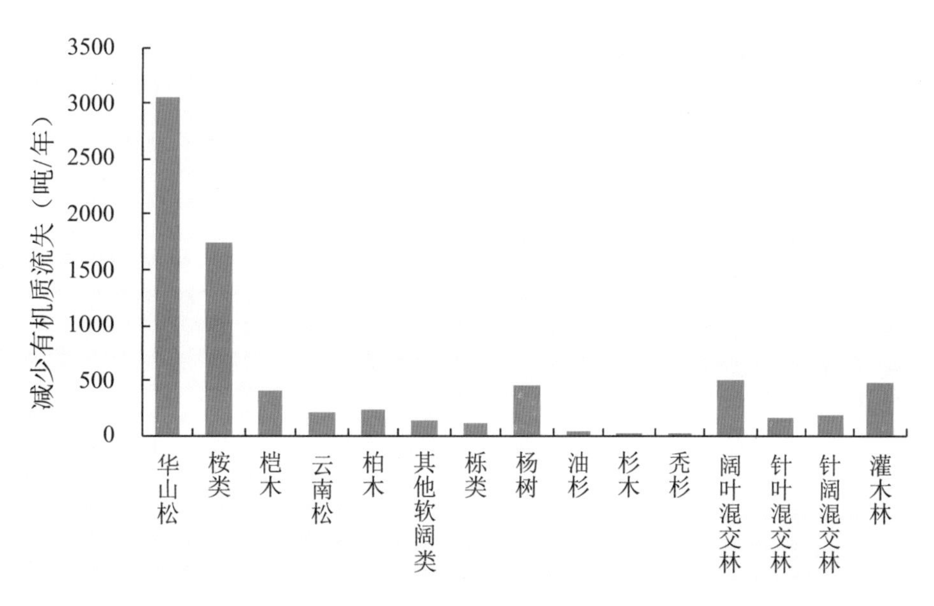

图 3-30　昆明市海口林场主要优势树种（组）减少有机质流失量分布格局

二、林木养分固持

土壤的矿化作用 (微生物分解土壤中的氮并转化成无机物的过程) 极为重要，因为在很多生境中，它决定了在初级生产中氮的可用性（UK NEA, 2011)。计算林木养分固持可以在一定程度上反映不同林木、不同森林群落在不同条件、不同区域提供的服务功能价值状况。由图 3-31 至图 3-33 可知，林木养分固持量最高的 3 种优势树种为华山松、桉类和桤木林，占昆明市海口林场森林生态系统林木养分固持总量的 52.77%；林木养分固持量最低的优势树种（组）为杉木和秃杉，仅占昆明市海口林场森林生态系统林木养分固持总量的 0.15%；其他优

势树种（组）林木养分固持量居中。大多数自然和半自然的植物群落受氮的限制，所以增加可用氮的含量（例如，通过氮沉降或施加肥料）会改变它们的结构并提高其生产力。生长速度较快的树种能够快速利用营养物质，而对生长较慢、缺少竞争力的树种产生极其不利的影响。从昆明市海口林场主要优势树种（组）林木养分固持评估结果可以看出，华山松、桉类和桤木较大程度地减少了因为水土流失而引起的养分损失，在其生命周期内，使得固定在体内的养分元素再次进入生物地球化学循环，极大地降低水库和湿地水体富营养化的可能性。

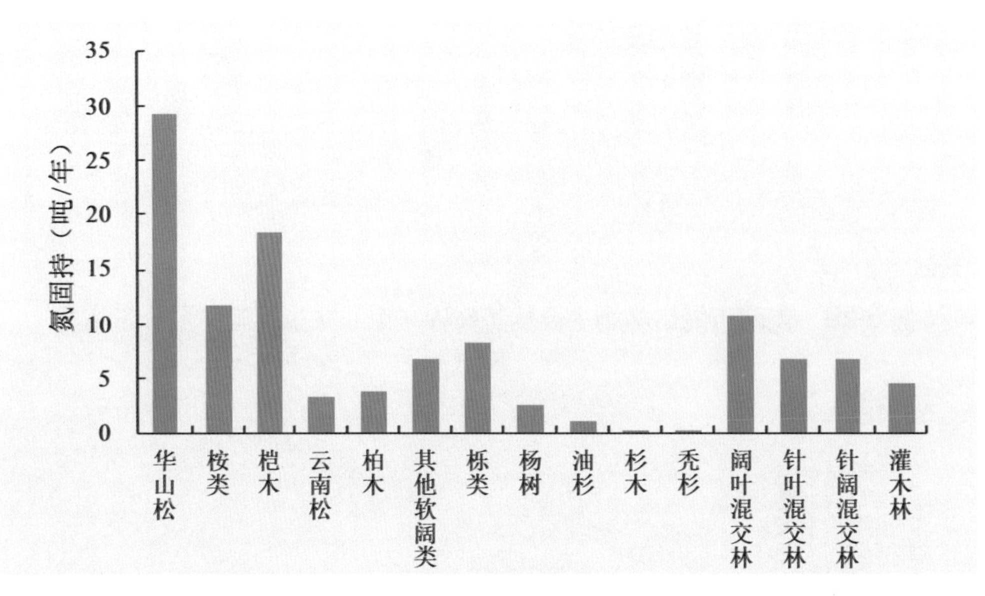

图 3-31 昆明市海口林场林主要优势树种（组）氮固持量分布格局

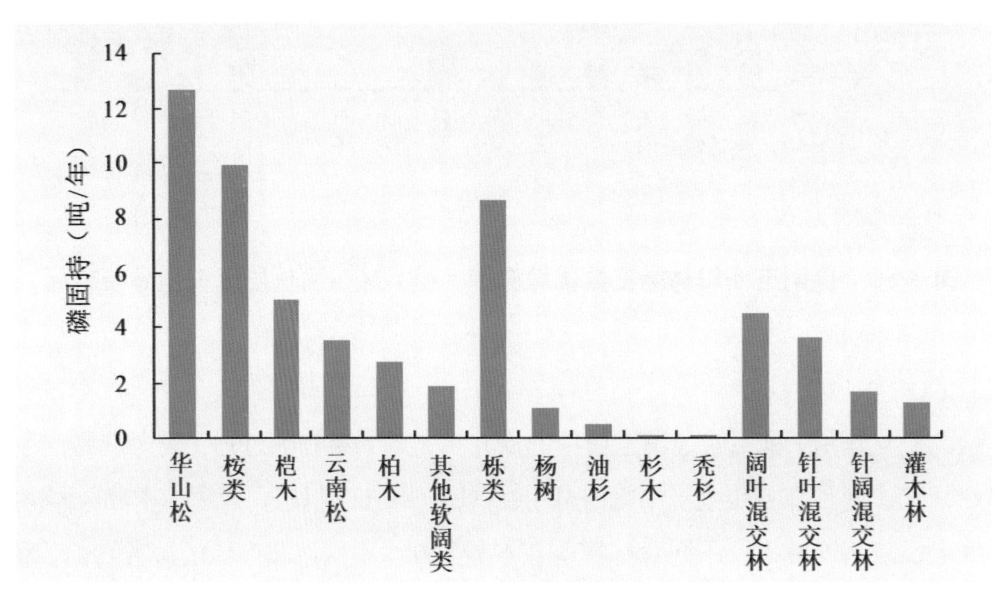

图 3-32 昆明市海口林场林主要优势树种（组）磷固持量分布格局

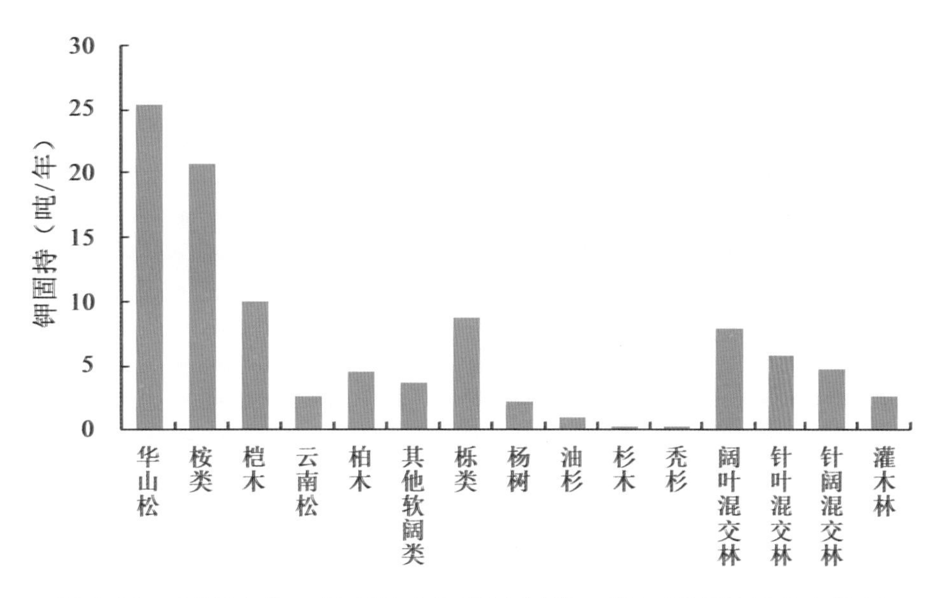

图 3-33　昆明市海口林场林主要优势树种（组）钾固持量分布格局

三、涵养水源

森林是拦截降水的“天然水库”，具有强大的蓄水作用，其复杂的立体结构不但对降水进行再分配，还可以减弱降水对土壤的侵蚀，并且随森林类型和降雨量的变化，树冠拦截的降雨量也不同。树冠截留量的大小取决于降雨量和降雨强度，并与林分组成、林龄、郁闭度等相关。由图 3-34 可知，昆明市海口林场森林生态系统涵养水源最高的 3 种优势树种（组）为华山松、桉类和灌木林，占昆明市海口林场森林生态系统涵养水源总量的 51.83%；涵养水源最低的优势树种（组）为秃杉和杉木，占昆明市海口林场森林生态系统涵养水源总量的 0.02%；其他优势树种（组）涵养水源量居中，在 32.97 万 ~170.76 万立方米 / 年之间。从森林资源数据中可以看出，华山松林、桉类林、桤木林、云南松林、柏木林、栎类林在昆明市海口林场各个营林区广泛分布，占优势树种（组）资源面积的 89.40%。这表明不同森林类型对降雨的分配具有不一致性，华山松林、桉类林和桤木林生态系统对调节水量具有非常重要意义。同时，林下灌木、草本和凋落物也是森林生态系统的重要组成部分，其不仅对森林资源的保护和永续利用起着重大作用，而且还对涵养水源和水土保持具有重要意义。

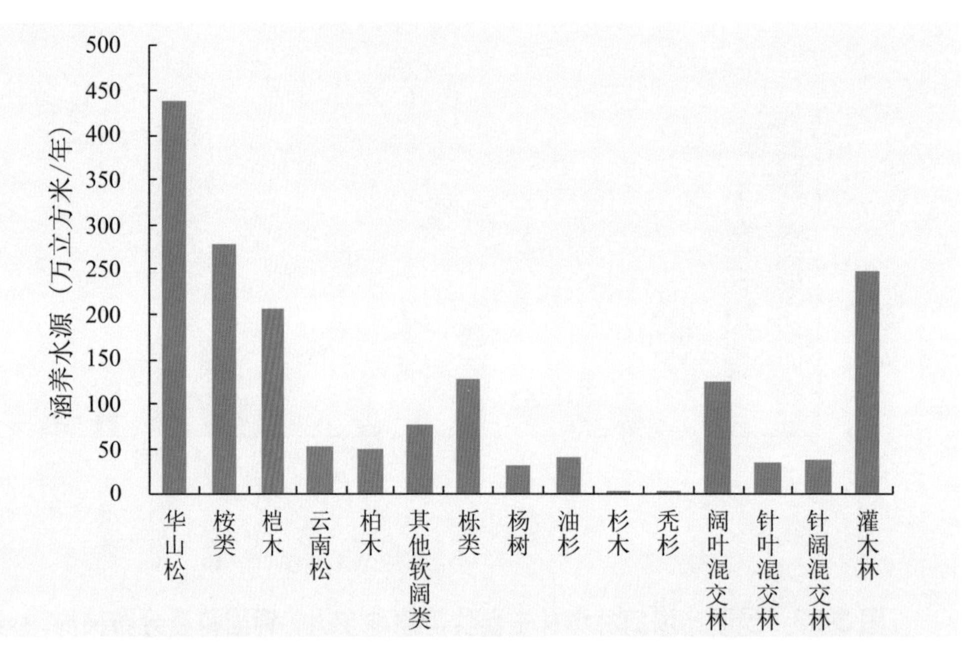

图 3-34　昆明市海口林场不同优势树种（组）涵养水源分布格局

四、固碳释氧

森林的植被层和土壤层是很重要的碳库，随着林木的生长会变得更加重要。英国科学家研究发现 1990 年北爱尔兰 55% 的植被固碳是由仅占国土面积 5% 的森林生态系统提供的（不列颠是 80%）；相比之下，占国土面积 56% 的改良草地只提供了固碳总量的 17%（UK National Ecosystem Assessment，2011）。图 3-35 显示，昆明市海口林场森林生态系统固碳量最高的 3 种优势树种（组）为华山松、桉类和桤木，占昆明市海口林场森林生态系统固碳总量的 65.51%；固碳量最低的优势树种（组）为秃杉和杉木，仅占昆明市海口林场森林生态系统总碳量的 0.04%。可见，华山松、桉类和桤木可以有力地调节空气中二氧化碳浓度，在固碳方面的作用尤为突出。

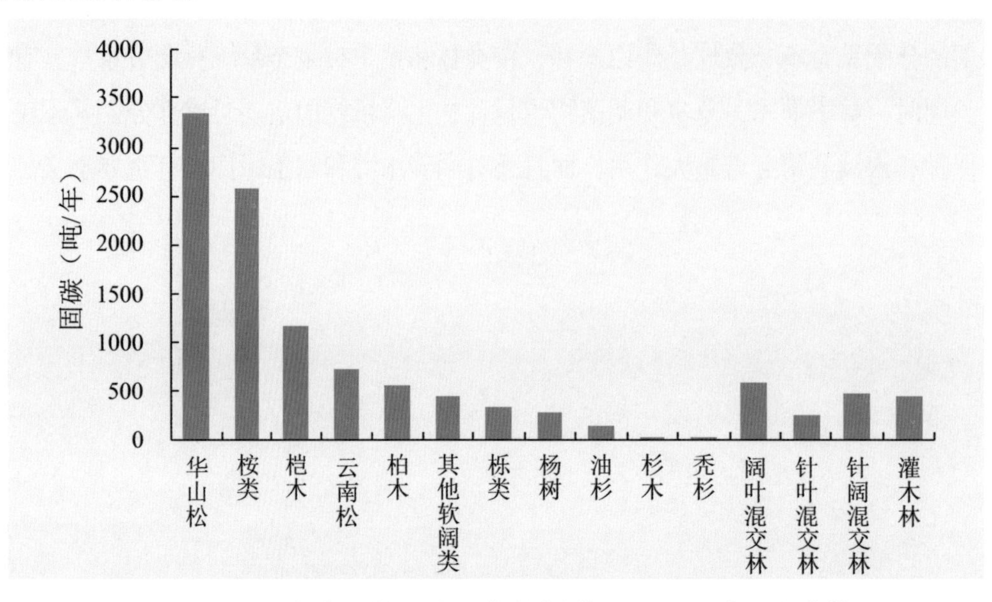

图 3-35　昆明市海口林场主要优势树种（组）固碳量分布格局

释氧量最高的 3 种优势树种为桉类、华山松和桤木林，占昆明市海口林场森林生态系统释氧总量的 81.10%；释氧量最低的优势树种（组）为秃杉和杉木，仅占昆明市海口林场森林生态系统释氧总量的 0.04%（图 3-36）。

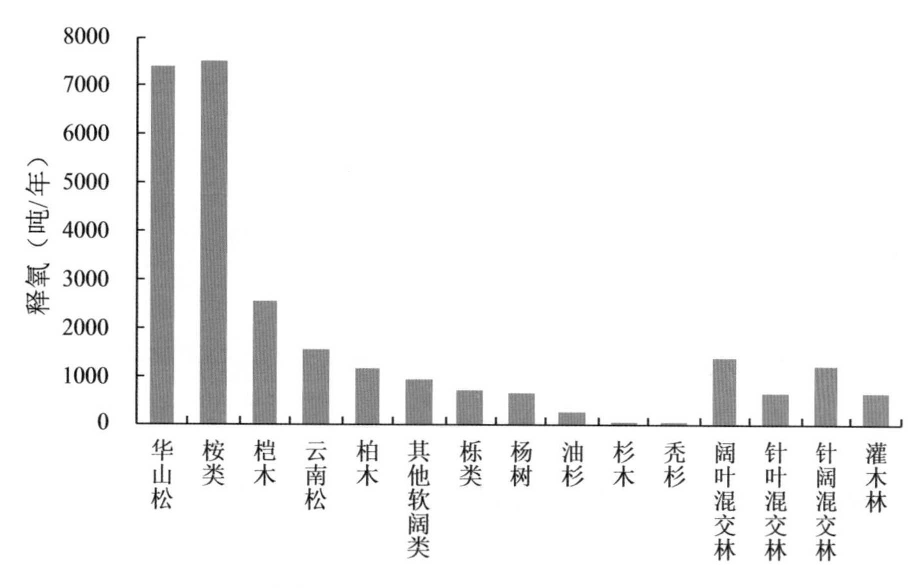

图 3-36　昆明市海口林场主要优势树种（组）释氧量分布格局

固碳释氧功能是森林生态系统服务功能的重要指标，目前已有大量研究实例。碳占有机体干重的4%，是重要的生命物质。除海洋生态系统以外，森林对全球碳循环的影响最大。依据评估结果可以看出，桉类、华山松和桤木在固碳释氧方面发挥了重要作用。昆明市海口林场桉类林、华山松林和桤木林的固碳功能不仅对于削减空气中二氧化碳浓度特别重要，还可为云南省内生态效益科学化补偿以及跨区域的生态效益科学化补偿提供基础数据。

五、净化大气环境

森林净化大气环境功能是森林生态系统的一项重要生态服务功能，其机理为污染物通过扩散和气流运动或伴随着大气降水到达森林生态系统，所遇到的第一个作用层面是起伏不平的森林冠层，或者被枝叶吸附，或被冠层表面束缚。如果伴随大气降水遇到林冠层，有可能在植物枝叶表面溶解，森林不同优势树种（组）通过这些作用使污染物离开对人产生危害的环境转移到另一个环境，即意味着可以净化环境。与此同时还有利于维持城市生态系统的健康和平衡以及城市的可持续发展。所以，不同优势树种（组）的净化环境功能对当地环境质量提升具有重要意义。空气负离子被誉为“空气维生素与生长素”，具有杀菌、降尘、清洁空气等作用，越来越受到人们的关注和重视。

由图 3-37 可知，提供负离子量最高的 3 种优势树种（组）为华山松、桉类和桤木，占昆明市海口林场森林生态系统提供负离子总量的 59.74%；最低的优势树种（组）为秃杉和杉木，仅占昆明市海口林场森林生态系统提供负离子总量的0.03%。可见，华山松、桉类和桤木生态系统所提供的空气负离子，对于提升昆明市的旅游资源质量具有十分重要的作用。

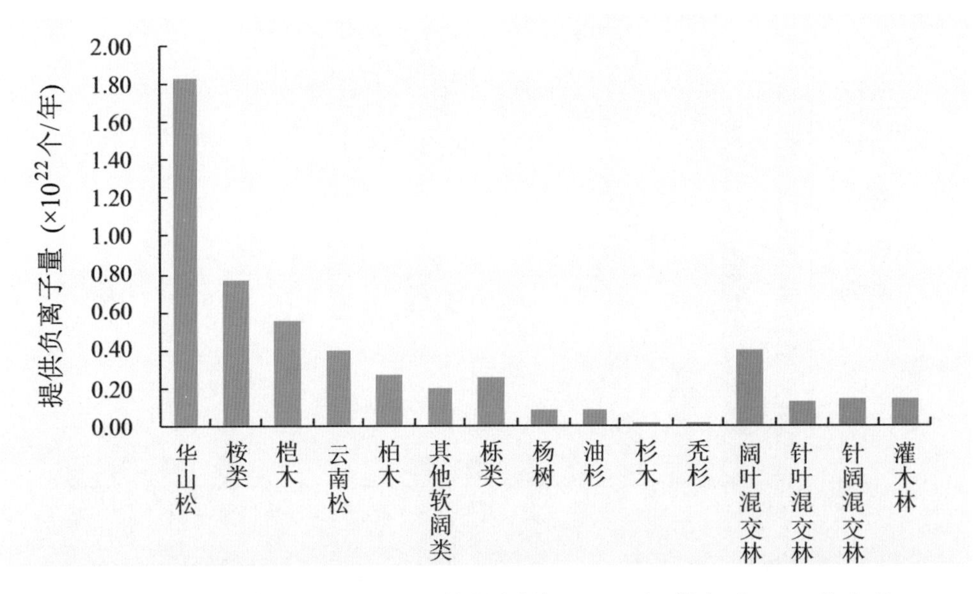

图 3-37 昆明市海口林场林主要优势树种（组）提供负离子量分布格局

森林生态系统能够清除空气中的污染物，从而降低局部地区的污染物浓度（UK National Ecosystem Assessment，2011）。图3-38至图3-40为昆明市海口林场主要优势树种（组）吸收气体污染物二氧化硫、氟化物和氮氧化物物质量，吸收气体污染物量最高的3种优势树种（组）为华山松、桉类和云南松，占昆明市海口林场森林生态系统吸收污染物总量的69.00%；吸收气体污染物量最低的优势树种（组）为秃杉和杉木，仅占昆明市海口林场森林生态系统吸收污染物总量的0.02%；其他优势树种（组）吸收气体污染物量居中。

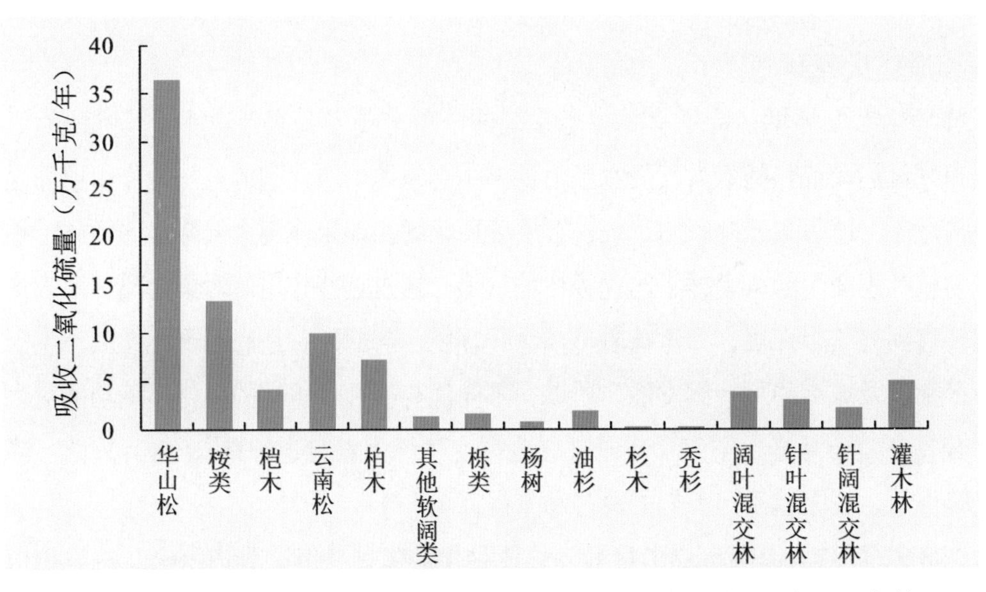

图 3-38 昆明市海口林场林主要优势树种（组）吸收二氧化硫量分布格局

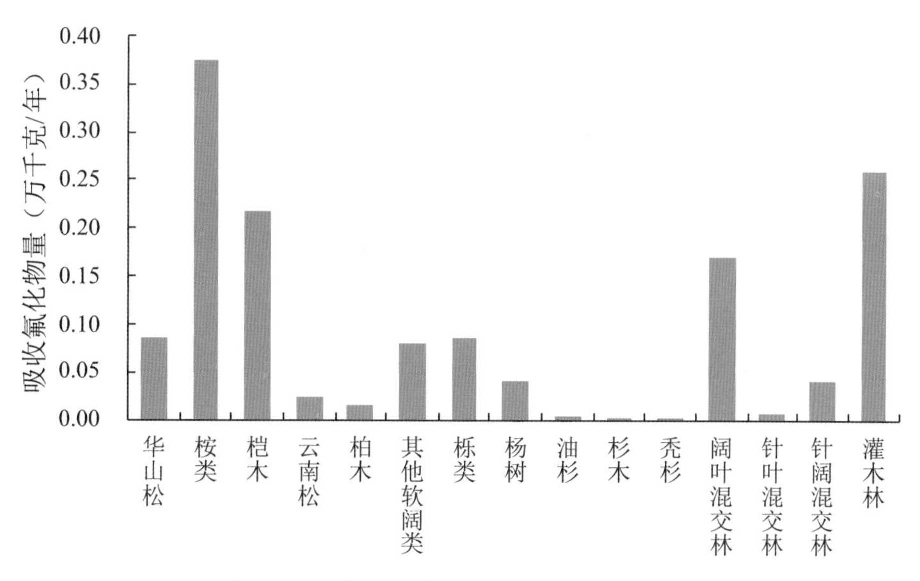

图 3-39 昆明市海口林场林主要优势树种（组）吸收氟化物量分布格局

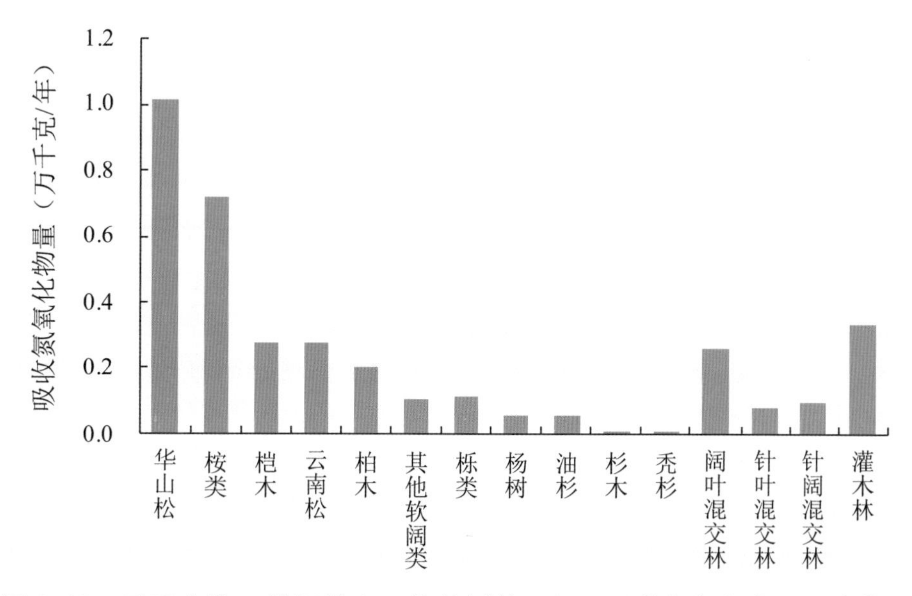

图 3-40 昆明市海口林场林主要优势树种（组）吸收氮氧化物量分布格局

由图 3-41 可知，昆明市海口林场主要优势树种（组）滞纳 TSP 量表现为华山松、桉类和云南松最大，占昆明市海口林场森林生态系统滞纳 TSP 总量的 67.53%；其次为柏木、灌木林、桤木、针叶混交林、阔叶混交林、针阔混交林、油杉、栎类、其他软阔类和杨树，占昆明市海口林场森林生态系统滞纳 TSP 总量的 32.43%；滞纳 TSP 量最小的均优势树种（组）为杉木和秃杉，占昆明市海口林场森林生态系统滞纳总 TSP 量的 0.04%。

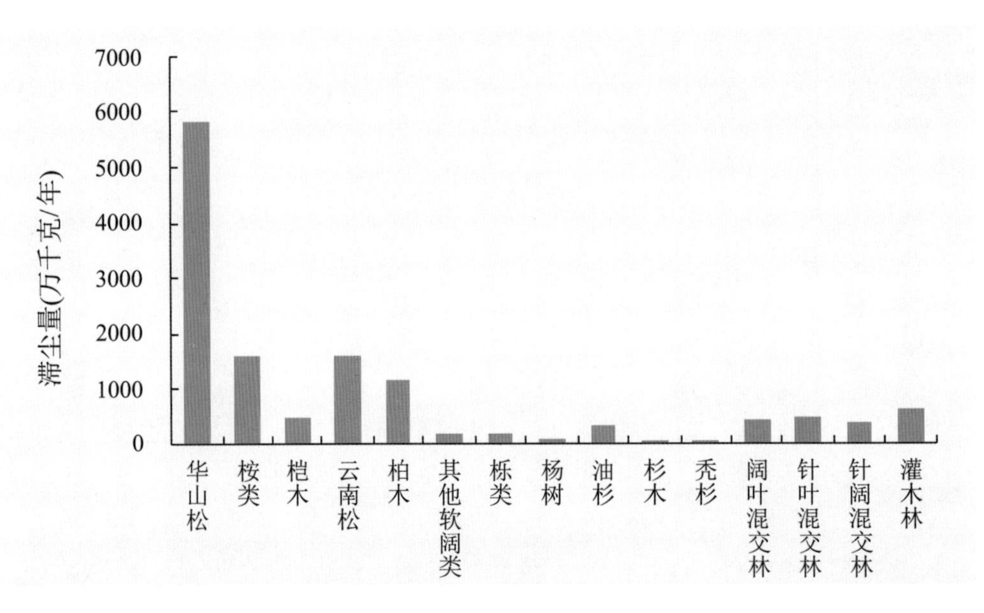

图 3-41　昆明市海口林场林主要优势树种（组）滞纳 TSP 量分布格局

本研究将森林滞纳 PM_{10} 和 $PM_{2.5}$ 从滞尘功能中分离出来，进行了独立的评估。从评估结果中可以看出（图 3-42 和图 3-43），华山松、桉类和云南松滞纳 PM_{10} 和 $PM_{2.5}$ 量最大，杉木和秃杉滞纳 PM_{10} 和 $PM_{2.5}$ 量最小。总体来看，表现为针叶林和混交林滞纳空气污染物的能力普遍较强，华山松林、桉类林和云南松林这 3 个树种（组）滞尘能力较强，一方面是其 PM_{10} 和 $PM_{2.5}$ 的单位面积滞纳量高于其他优势树种（组），因为针叶树的气孔密度较大，叶表面分泌更多的黏性物质，叶面积较大，相对阔叶树其吸附滞纳的颗粒物更多；另外，这 3 个优势树种（组）的面积也较大，可以滞纳更多的颗粒物。

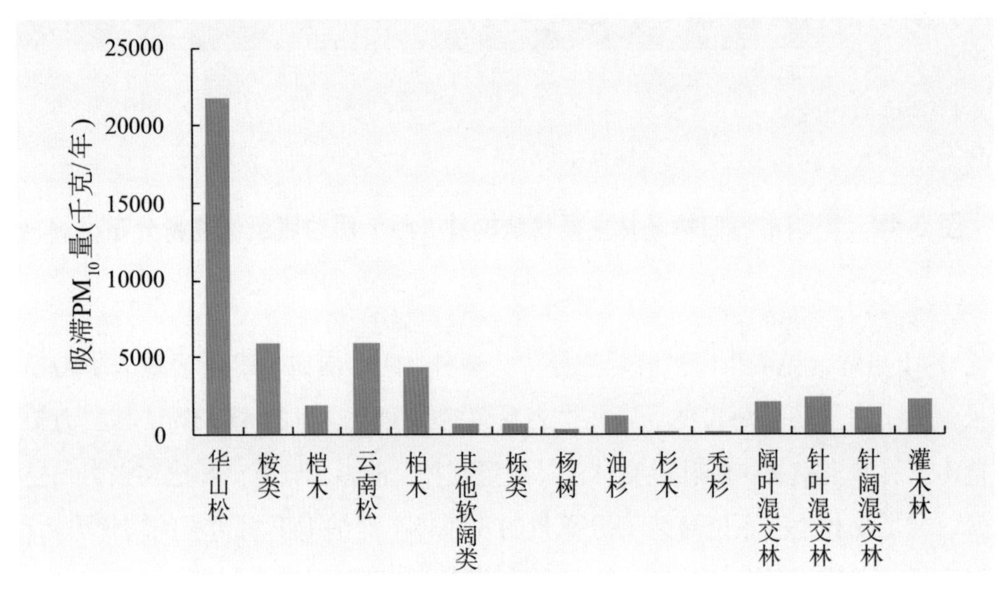

图 3-42　昆明市海口林场主要优势树种（组）滞纳 PM_{10} 量分布格局

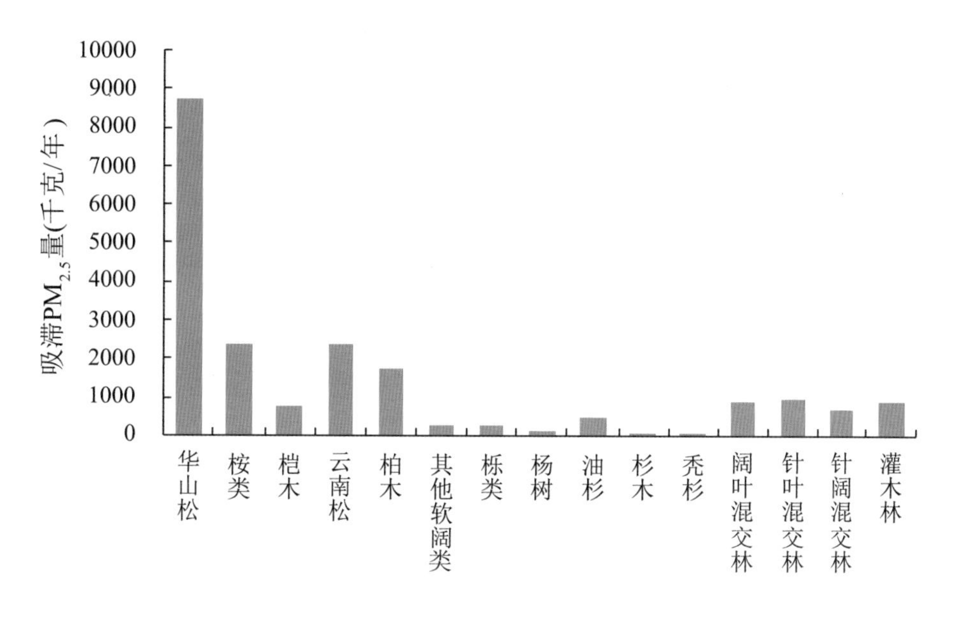

图 3-43　昆明市海口林场林主要优势树种（组）滞纳 $PM_{2.5}$ 量分布格局

昆明市海口林场各优势树种（组）中，华山松、桉类、桤木和云南松的各项生态系统服务功能强于其他优势树种（组），其中华山松、桤木和云南松均为本区域的地带性植被且占据了昆明市海口林场森林面积的绝大部分，桉类为国家林业和草原局桉树研究开发中心引进的优质良种，并由林场进行了高效的经营管理。昆明市海口林场属于亚热带季风气候，干湿季明显，冬季温凉干旱、日照充足；森林覆盖率高，森林生态系统完整，生物种类十分丰富，是海口地区乃至滇池流域生态环境的重要屏障。另外，由面积和蓄积量所占比例还可以看出，这 4 个优势树种（组）的林分质量强于其他优势树种（组），这也是其生态系统服务较强的主要原因，因为生物量的高生长也会带动其他森林生态系统服务功能项的增强。

在森林生态系统服务功能价值评估的相关研究中，得出乔木林生态系统服务功能高于灌木林的结果（牛香等，2012；董秀凯，2014），本研究的评估结果与之相同。乔木林的地表被大量的枯落物层覆盖，同时还具有良好的林下植被层和土壤状况，最终使其具有较好的水源涵养能力。乔木林具有较强的涵养水源功能，也就意味着其土壤的侵蚀量较低，则其保育土壤功能也较强。经统计，近 20 年来我国发表的大量关于不同植被净初级生产力的文献得出，乔木林的 NPP 远大于经济林、灌木林。同时，固碳释氧和林木养分固持生态效益的发挥与林分的净初级生产力（林木生命活动强弱）密切相关（国家林业局，2015）。

综上所述，乔木林具有较强的森林生态系统功能。另外，乔木林具有更加庞大的地下根系系统，大量根系的周转，大大增加了土壤中有机质的含量。昆明市海口林场各个优势树种（组）的生态系统服务中，以华山松、桉类、桤木和云南松 4 个优势树种（组）最强，这主要是受到了森林资源数量（面积和蓄积量）、林龄以及林分起源的影响。另外，其所处地理位置也是影响森林生态系统服务的主要因素之一。其次，乔木林的各项生态系统服务均高于经济林和灌木林，这主要与其各自的生境以及生物学特性有关。

第四章

森林生态系统服务功能价值量评估

森林生态系统产生的服务是最普惠的民生福祉，SEEA 生态系统实验账户针对不同生态系统服务货币价值评估，也提供了一些建议的定价方法，主要包括：①单位支援租金定价法；②替代成本方法；③生态系统服务付费和交易机制。在森林生态系统服务功能价值量评估中主要采用等效替代原则，并用替代品的价格进行等效替代核算某项评估指标的价值量（SEEA，2003）。依据国家标准《森林生态系统服务功能评估规范》（GB/T 38582—2020），采用分布式测算方法，本章将对昆明市海口林场森林生态系统服务功能的价值量开展评估研究，进而揭示昆明市海口林场森林生态系统服务的特征。

第一节　森林生态系统服务价值量评估总结果

根据第一章的评估指标体系及其测算方法，得出昆明市海口林场森林生态系统服务功能总价值量为 5.58 亿元 / 年，相当于昆明市西山区 2018 年 GDP 总量 600.98 亿元（昆明市西山区统计局，2019）的 0.93%，也是昆明市 GDP 总量 5206.90 亿元（2018 年昆明市国民经济和社会发展公报）的 0.11%。所评估的 8 项森林生态系统服务价值量见表 4-1，各项服务功能价值量比例分布如图 4-1 所示。从评估结果可知，昆明市海口林场森林生态系统服务各项功能价值量表现为涵养水源价值量最大，其次是生物多样性保护价值，森林康养价值排第三，最小的是林木产品供给价值。

表 4-1　昆明市海口林场森林生态系统服务功能价值量

万元 / 年

服务类别	功能类别	指标	价值量
支持服务	保育土壤	固土	763.36
		减少氮流失	413.75
		减少磷流失	758.12

（续）

服务类别	功能类别	指标		价值量
支持服务	保育土壤	减少钾流失		1081.54
		减少有机质流失		751.37
	林木养分固持	氮固持		221.47
		磷固持		103.80
		钾固持		44.97
调节服务	涵养水源	调节水量		17981.46
		净化水质		6034.63
	固碳释氧	固碳		1044.24
		释氧		4254.43
	净化大气环境	提供负离子		47.97
		吸收气体污染物	吸收二氧化硫	120.96
			吸收氟化物	2.22
			吸收氮氧化物	4.77
		滞尘	滞纳TSP	1001.42
			滞纳PM_{10}	17.79
			滞纳$PM_{2.5}$	7.11
供给服务	生物多样性保护	物种保育		15087.60
	林木产品供给	林木产品供给		63.10
文化服务	森林康养	森林康养		6004.59
总计				55810.68

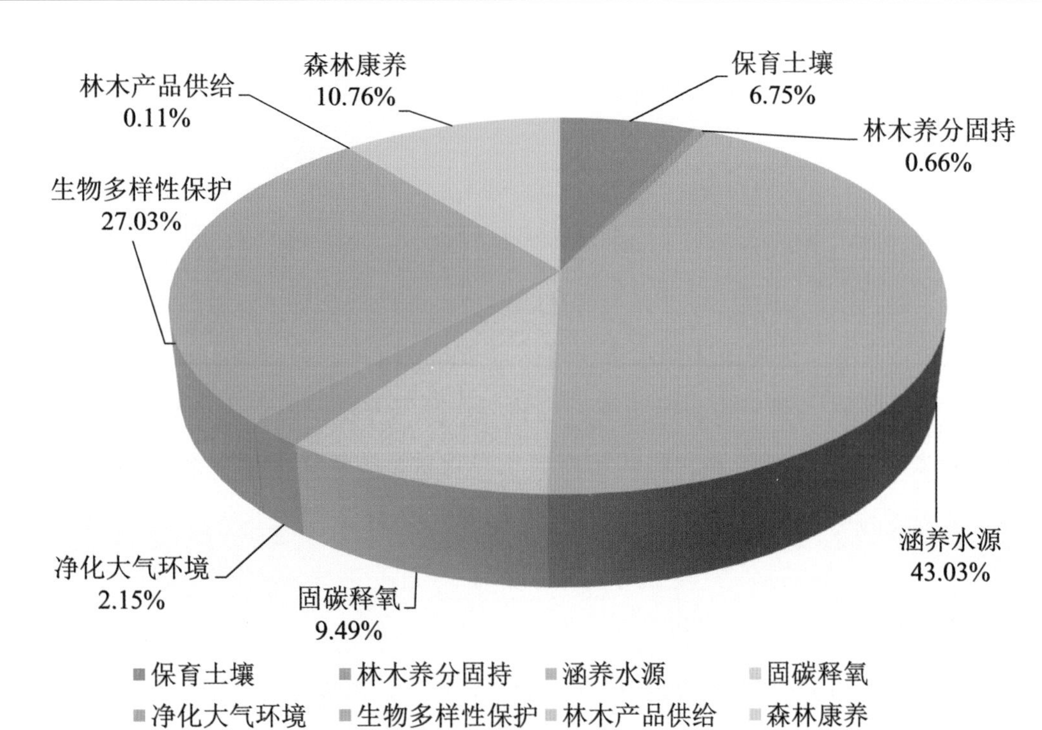

图 4-1　昆明市海口林场森林生态系统服务功能价值量比例

一、保育土壤

在水土保持工作中均是坚持以预防为主、保护优先、全面规划、因地制宜，注重自然恢复，突出综合治理，强化监督管理，创新体制机制，充分发挥水土保持的生态、经济和社会效益，实现水土资源可持续利用，为保护和改善生态环境、加快生态文明建设、推动经济社会持续健康发展提供重要支撑。2018年昆明市海口林场森林生态系统保育土壤功能价值为3768.14万元/年，相当于2018年昆明市西山区林业总产值0.43亿元（昆明市西山区统计局，2019）的88.37%。可见，昆明市海口林场森林生态系统保育土壤价值较大，保育土壤功能较强，这必将在昆明市水土保持规划中发挥重要的作用。同时，森林生态系统保育土壤功能为水土流失等自然灾害起到了很好的预防作用，对维护昆明市国土生态安全具有不可替代的重要地位。

二、林木养分固持

2018年昆明市海口林场森林生态系统林木养分固持功能价值量为370.24万元/年，相当于2018年昆明市西山区林业产值0.43亿元（昆明市西山区统计局，2019）的8.60%。林木养分固持功能可以使土壤中部分营养元素暂时地保存在植物体内，之后通过生命循环进入土壤，这样可以暂时降低因为水土流失而带来的养分元素的损失；而一旦土壤养分元素损失就会带来土壤贫瘠化，若想保持土壤原有的肥力水平，就需要向土壤中通过人为的方式输入养分，而这又会带来一系列的问题和灾难。因此，林木养分固持能够很好地固持土壤的营养元素，维持土壤肥力和活性，对林地健康具有重要的作用。

三、涵养水源

昆明市海口林场地处滇池西岸，属滇中高原浅切割中山地形，“湖泊高原”地貌，山脉呈南北延伸，地形变化不大，南北长40千米，东西宽20千米，71.24%的森林覆盖率形成了丰富多样的生态群落。昆明市海口林场所在的滇池流域地处长江、珠江、红河三大水系分水岭地带，水资源贫乏，流域内人均水资源量不足200立方米，城镇饮用水和滇池生态用水主要靠外流域调水。在本研究中，昆明市海口林场水源涵养量价值量为24016.09万元/年，占总价值量的43.03%。由此可见，昆明市海口林场森林生态系统的水源涵养功能对于维持该地区乃至云南省的用水安全起到了非常重要的作用。

四、固碳释氧

随着经济发展，对资源的消耗逐年增加，碳排放量也持续增加；尽管对抵消碳排放总量有限，但与工业减排相比，森林固碳投资少、代价低、综合效益大，更具有经济可行性和现实操作性。因此，提高森林生态系统价值，是节能减排的重要措施。森林作为最大的储碳

库，不仅能够使我们的生活增加更多的绿色，而且能够促进节能减排，减缓气候变暖，通过植物的光合作用，把大气中的二氧化碳以生物量的形式固定在植被和土壤中，释放出氧气，从而给人们创造更多的新鲜空气。2018 年昆明市海口林场固碳释氧价值为 5298.67 万元 / 年，占总价值量的 9.49%。未来随着昆明市经济社会的快速发展，对能源需求量还会大量增加，从而引起的经济发展与能源消费增加碳排放的矛盾还将继续，昆明市海口林场森林生态系统固碳投资少、代价低、综合效益大，更具经济可行性和现实操作性。

五、净化大气环境

空气负离子是一种重要的无形旅游资源，具有杀菌、降尘、清洁空气的功效（徐昭晖，2004）。植物叶片具有吸附、吸收污染物或阻碍污染物扩散的作用，这种作用通过叶片吸收大气中的有害物质，降低大气有害物质的浓度和将有害物质在体内分解，转化为无害物质后代谢利用。$PM_{2.5}$ 浓度较高会直接危害人类健康，增加疾病的危害和导致患病人数的增加，给社会带来极大的负担和经济损失（Rajesh K et al.，2018）。森林植被等绿色植物是 $PM_{2.5}$ 等细颗粒物的克星（季静等，2013），发挥着巨大的吸尘功能。2018 年昆明市海口林场净化大气环境价值为 1202.24 万元 / 年，昆明市海口林场森林生态系统通过自身的生长过程释放大量空气负离子、同时吸收空气中的污染物，起到净化大气环境的作用，极大地降低了空气污染物对人体的危害；同时，也有助于提升旅游环境质量。

六、生物多样性保护

森林生物多样性是生态环境的重要组成部分，是人类共同的财富，在人类的生存、经济社会的可持续发展和维持陆地生态平衡中占有重要的地位。20 世纪 90 年代森林对野生生物保护和生物多样性的价值得到越来越多的认可，森林为许多物种提供赖以生存的栖息地，如猛禽、鸣禽、植物和真菌和无脊椎动物等（UK National Ecosystem Assessment，2011）。人口增长和人类活动使森林生物多样性遭到破坏，严重影响了其整体功能的发挥。昆明市海口林场森林生态系统生物多样性保护总价值量为 1.51 亿元 / 年，占总价值量的 27.03%，排所有功能的第二位。可见，森林生物多样性价值极大，对森林生物多样性及其保护的认识和对森林生物多样性的管理亟需加强。

七、森林康养

森林康养功能主要是因为森林生态系统能分泌大量的植物精气（吴楚材等，2006），植物精气可以治疗多种疾病，对咳嗽、哮喘、慢性支气管炎、肺结核、神经官能症、心律不齐、冠心病、高血压、水肿、体癣、烫伤等都有一定疗效，尤其是对呼吸道疾病的效果十分显著。如何充分利用森林的康养功能，开发森林旅游资源，突出森林旅游特色，是森林旅游吸引旅客，实现精准扶贫和社会经济可持续发展的主要途径。2018 年，昆明市西山区旅游经济运行情况总体平稳，全年接待游客总数为 1916.7875 万人次，同比增长 26.61%；旅游总收入 288.29 亿元，同比增长 36.54%，完成预定增长目标（昆明市西山区统计局，2019）。昆明市海口林场是昆明市爱国主义教育基地和生态文明教育基地，由于其较好的旅游资源，吸引了大量的游客，2018 年昆明市海口林场接待游客人 28.96 万人次，森林康养价值为 6004.59 万元 / 年，相当于 2018 年昆明市西山区旅游总收入 288.29 亿元的 0.21%。

第二节　各营林区森林生态系统服务功能价值量评估结果

昆明市海口林场各营林区森林生态系统服务价值量见表 4-2。昆明市海口林场的森林生态服务价值量的空间分布格局如图 4-2 至图 4-9 所示。

表 4-2　昆明市海口林场各营林区森林生态系统服务价值评估结果

万元 / 年

营林区	支持服务		调节服务			供给服务		文化服务	合计
	保育土壤	林木养分固持	涵养水源	固碳释氧	净化大气环境	生物多样性保护	林木产品供给	森林康养	
宽地坝	533.97	61.26	3548.69	783.04	175.45	2067.32			7169.73
山冲	1293.87	128.36	8629.94	1694.00	457.00	5437.95			17641.11
妥乐	324.25	23.11	1985.05	563.08	67.03	560.56			3523.08
中宝	1616.05	157.51	9852.41	2258.56	502.77	7021.76			21409.06
合计	3768.14	370.23	24016.09	5298.67	1202.26	15087.60	63.10	6004.59	55810.68

注：林木产品供给和森林康养价值以整个昆明市海口林场进行评估，不分营林区。

昆明市海口林场森林生态系统服务功能总价值量空间分布如图 4-2 所示，各功能空间分布如图 4-3 至图 4-8。昆明市海口林场各营林区 2018 年森林生态系统服务功能总价值量表现为中宝营林区最大，其次是山冲营林区和宽地坝营林区，妥乐营林区的价值量最小，最大的中宝营林区森林生态系统服务功能价值量是最小的妥乐营林区的 6.08 倍。

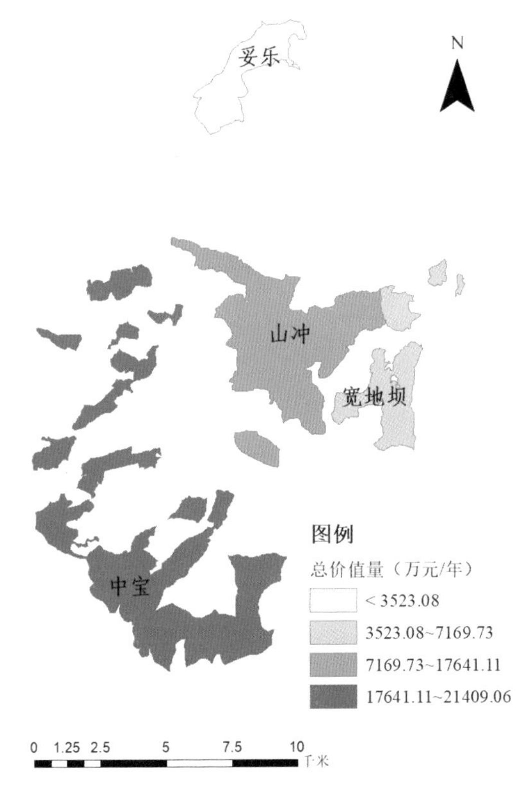

图 4-2 昆明市海口林场森林生态系统服务功能总价值量空间分布

一、保育土壤

昆明市海口林场地处昆明市西南部、滇池西岸，属于川滇经向构造带和南岭纬向构造带的交汇复合部位，地质条件复杂。昆明市海口林场各营林区森林生态系统的保育土壤功能，为本地区的生态安全和社会经济发展提供了重要保障。由评估结果可知，保育土壤价值量依次为中宝营林区（1616.05 万元 / 年）＞山冲营林区（1293.87 万元 / 年）＞宽地坝营林区（533.97 万元 / 年）＞妥乐营林区（324.25 万元 / 年）(图 4-3)，中宝营林区保育土壤价值量是妥乐营林区的 4.98 倍。其森林生态系统的固土作用极大地保障了生态安全，为本区域社会经济发展提供了重要保障。在地质灾害发生方面，由于昆明市海口林场属于川滇经向构造带和南岭纬向构造带的交汇复合部位，地质条件复杂，且邻近世界四大磷矿区，是地质灾害多发区。所以，各营林区的森林生态系统保育土壤功能对于降低该地区地质灾害经济损失、保障人民生命财安全，具有非常重要的作用。

二、林木养分固持

昆明市海口林场各营林区的林木养分固持功能，使土壤中部分养分元素暂时的保存在植物体内，在之后的生命循环周期内再归还到土壤中，这样可以暂时降低因为水土流失而带来的养分元素损失。若土壤养分元素发生损失，便会造成土地贫瘠。而在本次评估中发现，各营林区林木养分固持价值量差异较小，其中最高的为中宝营林区，年林木养分固持价值为 157.51 万元，占昆明市海口林场森林生态系统林木养分固持总价值量的 42.54%；其次是山冲营林区和宽地坝营林区；最低的是妥乐营林区，年林木养分固持价值仅为 23.11

万元（图 4-4），仅占昆明市海口林场森林生态系统林木养分固持总价值量的 6.24%。优势树种（组）的类型和比例决定了昆明市海口林场林木养分固持的生态效益。

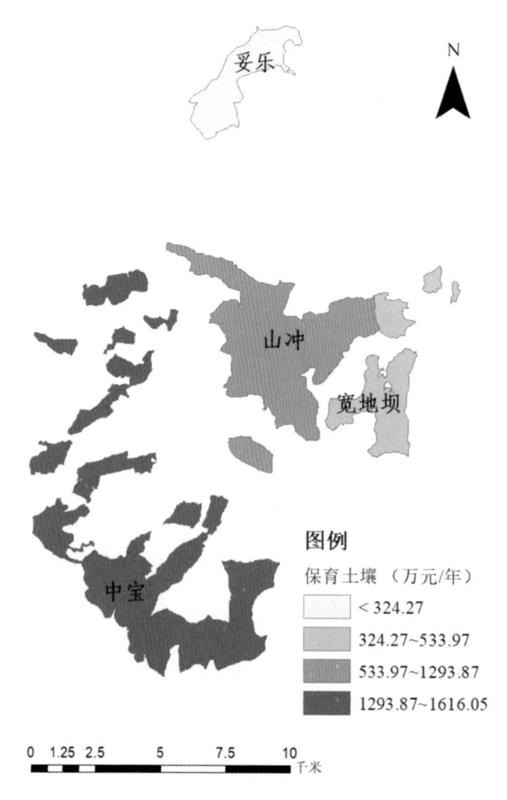

图 4-3 昆明市海口林场各营林区保育土壤价值空间分布

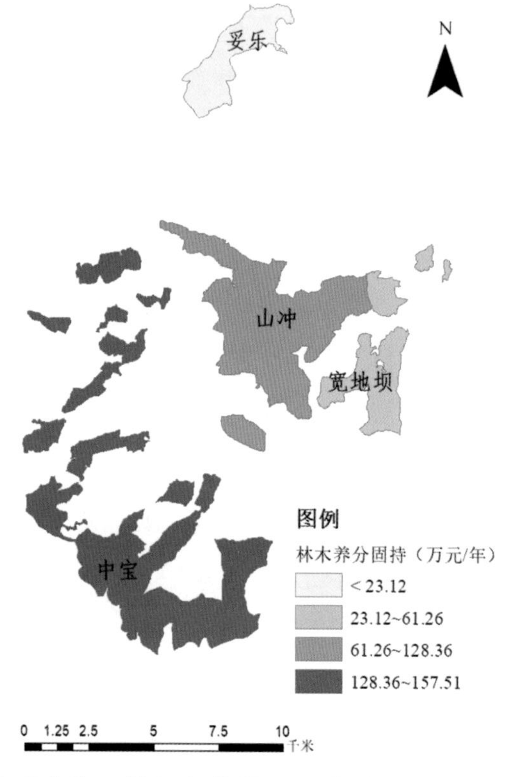

图 4-4 昆明市海口林场各营林区林木养分固持价值空间分布

三、涵养水源

由图 4-5 可知，各营林区涵养水源总价值量依次为中宝营林区（9486.16 万元 / 年）＞山冲营林区（8083.13 万元 / 年）＞宽地坝营林区（3549.72 万元 / 年）＞妥乐营林区（2515.75 万元 / 年），中宝营林区和山冲营林区涵养水源总价值量占全场的 74.34%。由此可以看出，中宝营林区和山冲营林区的森林生态系统涵养水源功能对于昆明市海口林场森林生态系统的重要性；昆明市海口林场各营林区涵养水源价值分布具有一定的规律，南部营林区的涵养水源价值大于北部营林区，这与各营林区的坡度，地势，快速径流量及森林面积具有较大关系。一般而言，建设水利设施用以拦截水流、增加贮备是人们采用最多的工程方法，但是建设水利等基础设施存在许多缺点，例如：占用大量的土地，改变了其土地利用方式；水利等基础设施存在使用年限等。所以，森林生态系统就像一个“绿色、安全、永久”的水利设施，只要不遭到破坏，其涵养水源功能是持续增长，同时还能带来其他方面的生态功能，例如防止水土流失、吸收二氧化碳、生物多样性保护等。可见，森林生态系统在涵养水源方面的贡献显著，充分发挥着“绿色水库”的功能。

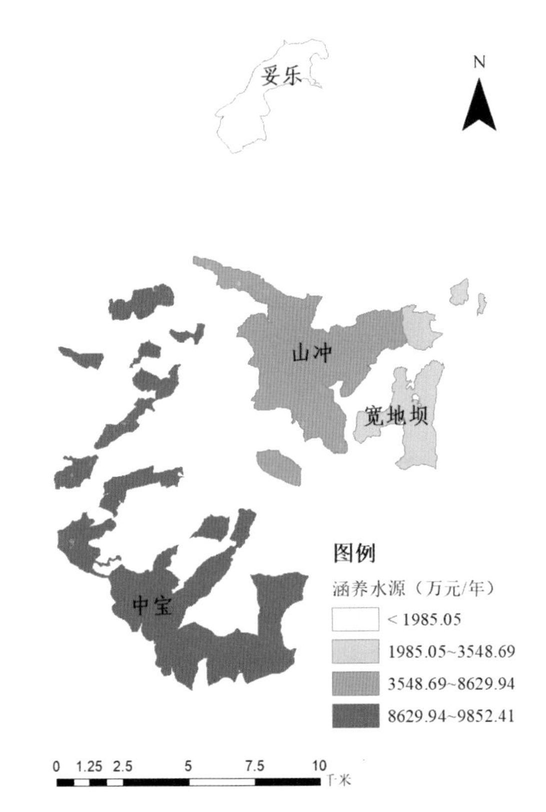

图 4-5　昆明市海口林场各营林区森林生态系统绿色水库空间分布

四、固碳释氧

近年来，随着社会工业化的长足发展，污染和能耗也随之增加，CO_2 的排放形成了温室效应，进而引起全球变暖，导致地球极地冰川融化与雪线上升和海水热膨胀，致使海平面升高，气候反常，异常降雨与降雪、高温、热浪、热带风暴、龙卷风等自然灾害加重。森林是陆地面积最大、最复杂的生态系统，除具有显著的经济和社会效益外，还具有巨大的生态效益，尤其在碳汇方面发挥着重要作用。通过本次评估可知，昆明市海口林场各营林区森林生态系统的固碳释氧功能为维护该地区生态安全同样也起到了重要的作用。由图 4-6 可知，各营林区森林生态系统固碳释氧价值量表现为中宝营林区最高，为 2258.56 元 / 年；其次是山冲营林区 1694.00 元 / 年和宽地坝营林区 783.04 万元 / 年，妥乐营林区最小，仅为 563.08 万元 / 年。说明昆明市海口林场森林生态系统绿色碳库在空间上表现为南部＞中部＞北部。

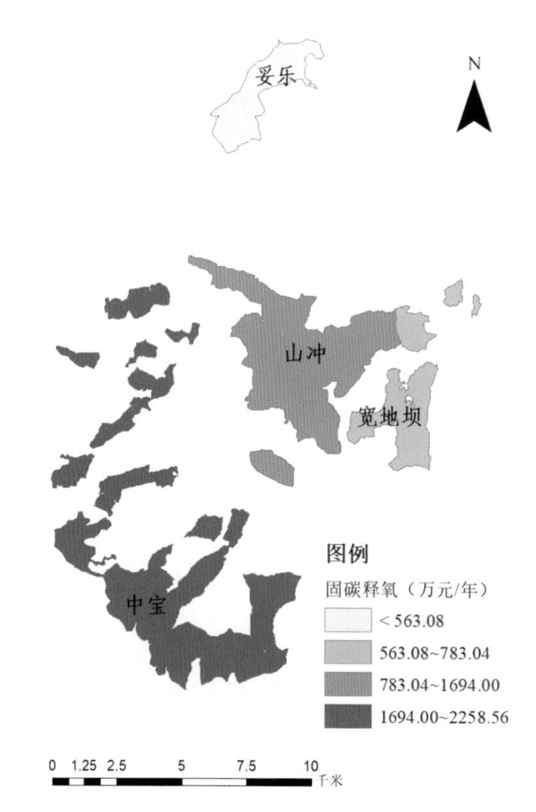

图 4-6　昆明市海口林场各营林区森林生态系统绿色碳库空间分布

五、净化大气环境

昆明市海口林场地处城市郊区，其森林生态系统服务较强，各营林区在净化大气环境功能上均发挥了各自价值。图 4-7 显示，昆明市海口林场各营林区森林生态系统净化大气环境总价值量依次为中宝营林区＞山冲营林区＞宽地坝营林区＞妥乐营林区，净化大气环境价值分别为 502.77 万元 / 年、457.00 万元 / 年、175.45 万元 / 年和 67.03 万元 / 年。各营林区净化大气环境各指标所产生的价值量从大到小的顺序依次为滞尘＞吸收二氧化硫＞提供负离子＞吸收氮氧化物＞吸收氟化物。各营林区的森林面积、优势树种（组）的类型和比例与净化大气环境功能相关。

图 4-7　昆明市海口林场各营林区净化环境氧吧库空间分布

六、生物多样性保护

生物多样性是指物种生境的生态复杂性与生物多样性、变异性之间的复杂关系，它具有物种多样性、遗传多样性和生态系统多样性、景观多样性等多个层次。昆明市海口林场森林生态系统具有典型的滇中高原亚热带动植物资源特征，使得森林本身就成为一个生物多样性极高的载体，为各级物种提供了丰富的食物资源、安全的栖息地，保育了物种的多样性。昆明市海口林场各营林区的森林生态系统生物多样性保育价值表现为中宝营林区最大，生物多样性保育价值 6222.27 万元 / 年位于各林区之首，山冲营林区生物多样性保护价值 4773.27 万元 / 年紧随其后，再之后是宽地坝营林区 1744.68 万元 / 年，妥乐营林区 469.54 万元 / 年最低（图 4-8）。生物多样性较高则表明该地区自然景观纷呈多样，具有高度异质性，孕育了丰富的生物资源。

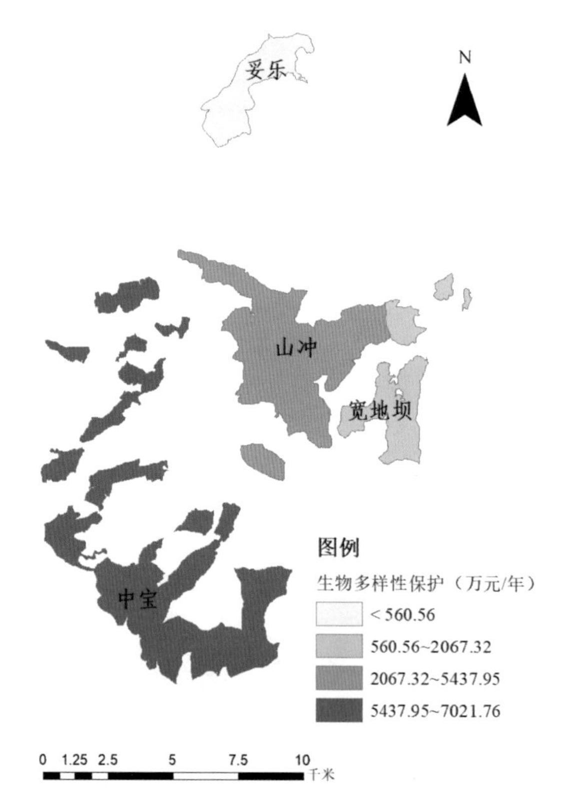

图 4-8　昆明市海口林场各营林区生物多样性保护基因库空间分布

第三节　主要优势树种（组）生态系统服务功能价值量评估结果

昆明市海口林场主要优势树种（组）生态系统服务功能总价值量见表 4-3，由于林木产品供给和森林康养功能以生态系统进行测算，不区分优势树种（组），故除林木产品供给和森林康养功能类别外，主要优势树种（组）保育土壤、林木养分固持、涵养水源、固碳释氧、净化大气环境和生物多样性保护 6 项服务功能价值量合计最大的是华山松、桉类和桤木，杉木和秃杉排最后两位。

表 4-3　昆明市海口林场主要优势树种（组）生态系统服务价值量评估结果

万元 / 年

优势树种（组）	支持服务		调节服务			供给服务		文化服务	合计
	保育土壤	林木养分固持	涵养水源	固碳释氧	净化大气环境	生物多样性保护	林木产品供给	森林康养	
华山松	1206.43	91.28	5994.67	1486.41	513.93	4715.95			14008.67
桉类	720.94	50.23	3034.91	1433.93	148.80	578.89			5967.70

（续）

优势树种（组）	支持服务		调节服务			供给服务		文化服务	合计
	保育土壤	林木养分固持	涵养水源	固碳释氧	净化大气环境	生物多样性保护	林木产品供给	森林康养	
桤木	259.71	49.01	2344.56	517.98	49.19	1987.17			5207.62
云南松	206.96	14.10	1618.35	312.11	139.61	1453.21			3744.34
柏木	176.86	14.53	1097.75	240.63	101.62	999.62			2631.01
其他软阔类	95.90	18.10	1050.35	192.33	18.16	1330.16			2705.00
栎类	85.11	35.83	1741.88	145.56	19.65	333.94			2361.97
杨树	92.23	7.96	452.74	128.21	9.63	210.16			900.93
油杉	48.96	3.58	540.59	58.92	29.19	67.72			748.96
杉木	0.56	0.09	2.88	0.99	0.34	5.93			10.79
秃杉	0.27	0.10	2.85	1.03	0.12	6.02			10.39
阔叶混交林	333.97	32.56	1737.15	271.21	42.73	1287.14			3704.76
针叶混交林	109.63	22.41	463.96	124.52	43.39	466.94			1230.85
针阔混交林	118.57	18.19	515.66	239.78	31.58	528.50			1452.28
灌木林	312.04	12.26	3417.79	145.06	54.32	1116.25			5057.72
合计	3768.14	370.23	24016.09	5298.67	1202.26	15087.60	63.10	6004.59	55810.68

注：林木产品供给和森林康养功能以整个昆明市海口林场进行评估，不分树种。

一、保育土壤

保育土壤功能价值量最高的优势树种（组）为华山松林，其价值量为1206.43万元/年，占保育土壤总量的32.02%；最低的优势树种（组）为秃杉林，仅占总量的0.007%（图4-19）。由此可见，森林的保育土壤功能价值与树种极相关，不同树种的枯落物层对土壤养分和有机质的增加作用不同，直接表现出保育土壤功能价值量也不同。众所周知，森林生态系统能够在一定程度上防止地质灾害的发生，这种作用就是通过其保持水土的功能来实现的。昆明市海口林场华山松林、桉类林分布在各个地区，其森林生态系统防止水土流失的作用，大大降低了地质灾害发生的可能性。另一方面，在防止了水土流失的同时，还减少了随着径流进入到水库和湿地中的养分含量，降低了水体富养化程度，保障了湿地生态系统的安全。森林生态系统能够在一定程度上防止地质灾害的发生，这种作用通过其保持水土的功能来实现。华山松、桉类、阔叶混交林在这方面的功能较强。

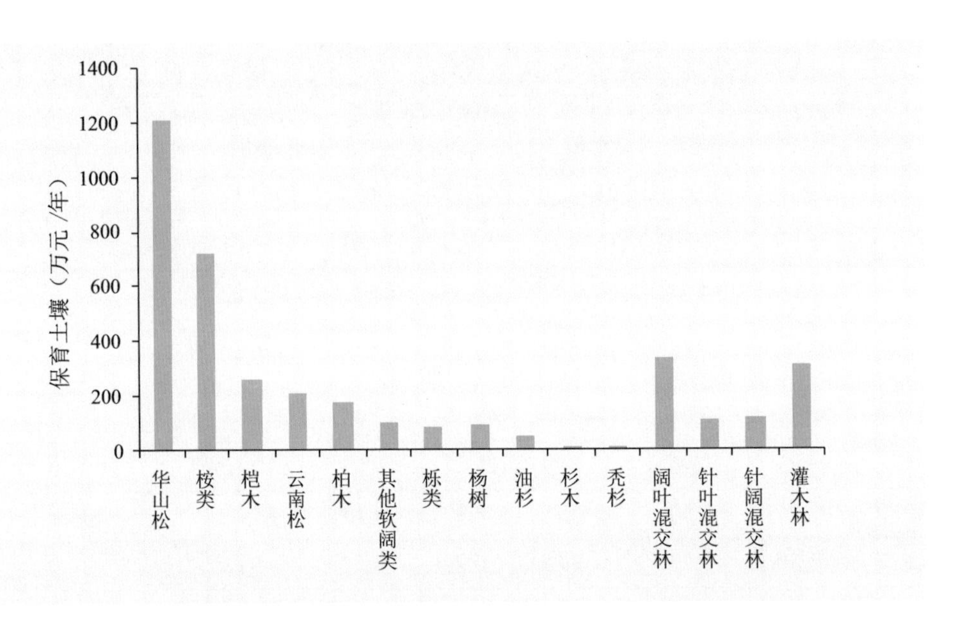

图 4-9　昆明市海口林场主要优势树种（组）保育土壤价值量

二、林木养分固持

根据英国学者的研究发现在林地覆盖率降低后，许多高地地区出现了严重的土壤灰化现象（UK National Ecosystem Assessment，2011），林木的养分固持功能有助于改善土壤养分流失。主要优势树种（组）林木养分固持价值量中，以华山松林（91.28 万元/年）最高、桉类（50.23 万元/年）次之，杉木林（0.09 万元/年）最低（图 4-10）。森林生态系统林木养分固持功能价值量与林分面积，净生产力，林木氮、磷、钾养分元素等相关，因此主要优势树种（组）间的林木养分固持价值量具明显区别。华山松林、桉类和桤木林广泛分布在昆明市海口林场各个营林区，其林木养分固持功能可以防止土壤养分元素的流失，保持昆明市海口林场森林生态系统的稳定；另外，其林木养分固持功能可以减少土壤养分流失而造成的土壤贫瘠化，一定程度降低滇池水体富营养化的风险。

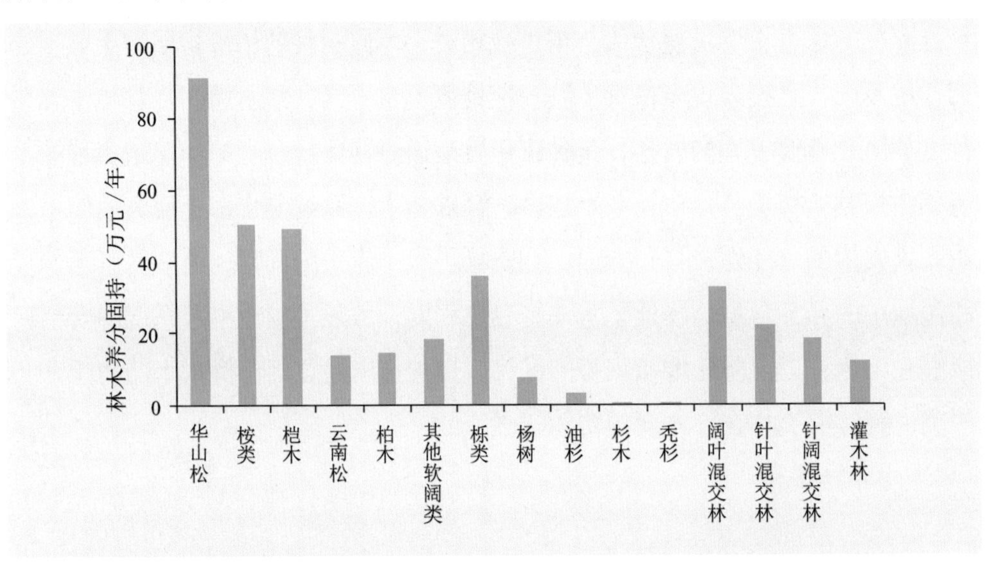

图 4-10　昆明市海口林场主要优势树种（组）林木养分固持价值量

三、涵养水源

涵养水源功能价值量最高的 3 个优势树种（组）为华山松林、桉类林和灌木林，占昆明市海口林场森林生态系统涵养水源功能总价值量的 51.83%；秃杉林水源涵养价值最小，为 2.85 万元/年，仅占昆明市海口林场森林生态系统涵养水源功能总价值量的 0.01%(图 4-11)。因为水利设施的建设需要占据一定面积的土地，往往会改变土地利用类型，无论是占据的哪一类土地类型，均对社会造成不同程度的影响。另外，建设的水利设施还存在使用年限和一定危险性。随着使用年限的延伸，水利设施内会淤积大量的淤泥，降低了其使用寿命，并且还存在崩塌的危险，对人民群众的生产生活造成潜在的威胁。所以利用和提高森林生态系统涵养水源功能，可以减少相应水利设施的建设，将以上危险性降到最低。

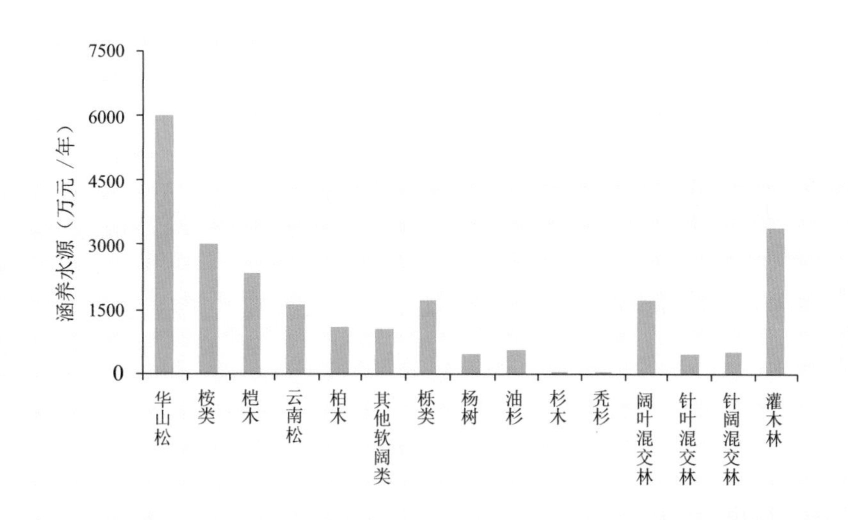

图 4-11　昆明市海口林场主要优势树种（组）涵养水源功能价值量

四、固碳释氧

英国科学家研究表明，生长高峰期的针叶林每年可从大气中吸收二氧化碳约 24 吨/公顷，生产性针叶作物的净长期平均吸收二氧化碳值约为 14 [吨/（公顷·年）]；栎树林在生长高峰期，二氧化碳储存速率约为 15 [吨/（公顷·年）]，净长期平均二氧化碳吸收值约为 7 [吨/（公顷·年）]（UK National Ecosystem Assessment，2011）。不同优势树种（组）间固碳释氧价值量差异如图 4-12，华山松林固碳释氧量价值量最大，为 1486.41 万元/年；其次是桉类 1433.93 万元/年和桤木林 517.98 万元/年；秃杉林和杉木林的固碳释氧价值最低，分别为 1.03 万元/年和 0.99 万元/年。若是通过工业减排的方式来减少等量的碳排放量，所投入的费用高达 26.13 亿元。而单就华山松林、桉类林、桤木林固碳释氧功能而言，其价值量为 1217.8 万元/年，占工业减排费用的 0.47%，由此可以看出森林生态系统固碳释氧功能的重要作用。说明昆明市海口林场主要优势树种（组）间的林分净生产力各异，相应的固碳释氧价值也显著不同。可见，华山松林、桉类和桤木等优势树种（组）生态系统固碳释氧功能，在推进昆明市节能减排低碳发展中作用巨大。

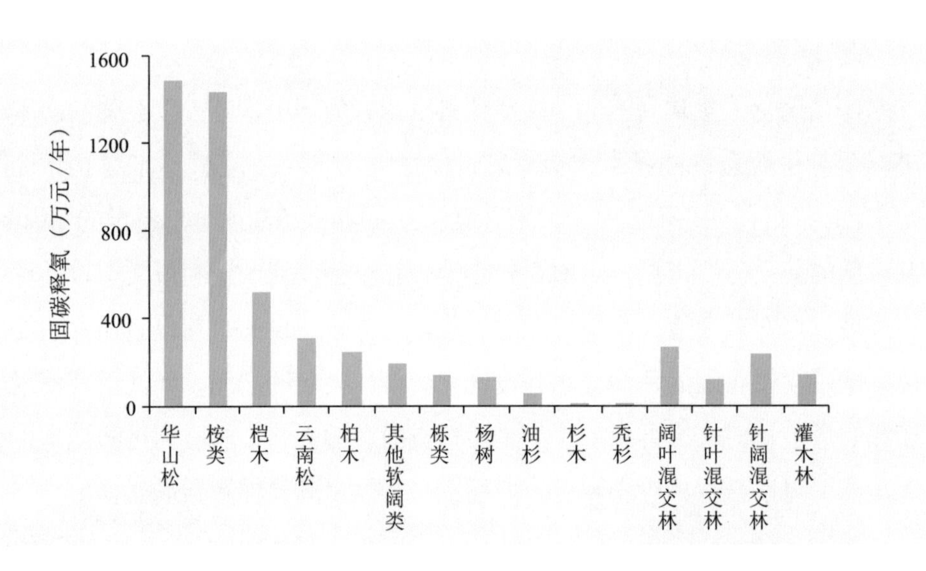

图 4-12　昆明市海口林场主要优势树种（组）固碳释氧功能价值量

五、净化大气环境

在不同优势树种（组）生态系统净化大气环境功能价值量中，华山松林的价值量最高，为 513.93 万元 / 年，占昆明市海口林场森林生态系统净化大气环境价值总量的 42.75%；其次是桉类，年净化大气环境价值量为 148.80 万元 / 年，占昆明市海口林场森林生态系统净化大气环境价值总量的 12.38%；云南松净化大气环境价值量排第三；杉木林（0.34 万元 / 年）和秃杉林（0.12 万元 / 年）的年净化大气环境价值最低，仅占昆明市海口林场森林生态系统净化大气环境价值总量的 0.04%（图 4-13）。这主要与不同优势树种（组）质量和面积大小有关，昆明市海口林场主要优势树种（组）通过自身的生长过程，从空气中吸收污染气体，在体内经过一系列的转化过程，将吸收的污染气体降解后排出体外或者储存在体内；另一方面，主要优势树种（组）通过自身林冠层的作用，加速颗粒物的沉降或者吸收滞纳在叶片表面，进而起到净化大气环境的作用，极大地降低了空气污染物对于人体的危害。

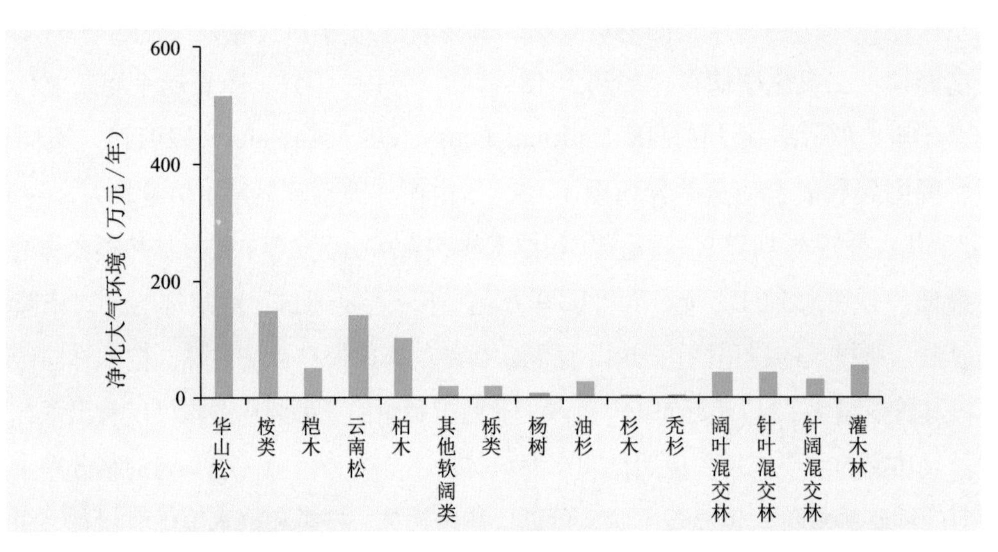

图 4-13　昆明市海口林场主要优势树种（组）净化大气环境功能量

六、生物多样性保护

由图 4-14 可知，生物多样性保护功能价值量最高的优势树种（组）为华山松林，其值为 4715.95 万元 / 年，占昆明市海口林场森林生态系统生物多样性保护总价值量的 31.26%；其次为桤木林，生物多样性保护价值为 1987.17 万元 / 年，占昆明市海口林场森林生态系统生物多样性保护总价值量的 13.17%；云南松的生物多样性保护价值排第三；杉木林生物多样性价值最小，仅为 5.93 万元 / 年最低，仅占昆明市海口林场森林生态系统生物多样性保护总价值量的 0.04%；此外，阔叶混交林、针阔混交林生物多样性保育功能价值量也较高。生物多样性保育功能价值量与不同树种的 Shannon-Weiner 指数、濒危指数、特有种指数相关，所以得出结果各异。昆明市海口林场同时建有昆明市海口林场森林公园，森林公园内丰富的水资源和茂密的森林环境，为野生动物提供了良好栖息环境。这不仅为生物多样保护工作提供了坚实基础，还为该区域带来了高质量的森林旅游资源，极大地提升了生态文明建设水平。

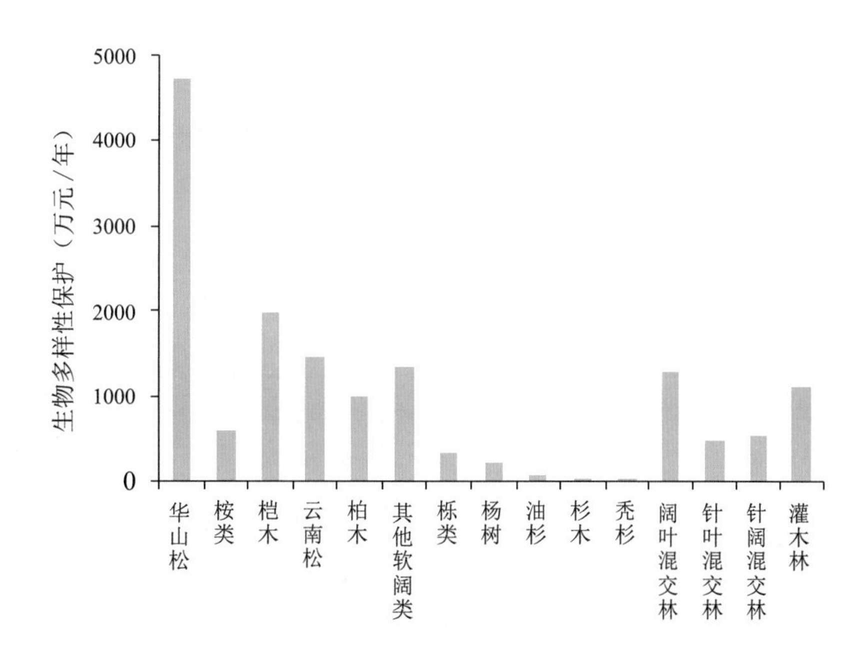

图 4-14 昆明市海口林场主要优势树种（组）生物多样性保育功能价值量

第五章

昆明市海口林场森林生态系统服务功能综合分析与价值实现

云南作为西南生态安全屏障的重要组成部分，丰富的森林资源对云南及长江中下游地区生产和生态安全，地方经济社会发展的作用突出、影响深远。而省会中心城市昆明是云南省生态文明建设的重点区域，林业生态建设步伐不断加快，“绿色”的发展底色更加鲜明。站在“十四五”的新起点，如何在最大程度保护森林资源、修复森林生态的基础上，合理开发森林生态产品，让全民共享生态红利，将资源优势真正转化为经济优势、发展优势，是新时代重要的生态课题，而算好“绿水青山价值多少金山银山”这笔账，是当中关键一环，科学、客观评价森林生态系统服务功能意义十分重大。

党的十八大以来，以习近平同志为核心的党中央高度重视并大力推进生态文明建设，鲜明地提出了绿色发展理念，强调“绿水青山就是金山银山”“像保护眼睛一样保护生态环境，像对待生命一样对待生态环境”，全面阐述了社会主义生态文明建设的理念、方针、举措，形成了习近平生态文明思想，成为习近平新时代中国特色社会主义思想的重要组成部分。在“两山论”的指导下，我国生态文明建设成效显著，重大生态保护和修复工程进展顺利，森林覆盖率持续提高；生态环境治理明显加强，环境状况得到改善。我国发布的《中国21世纪初可持续发展行动纲要》提出的目标：可持续发展能力不断增强，经济结构调整取得显著成效，人口总量得到有效控制，生态环境明显改善，资源利用率显著提高，促进人与自然的和谐，推动整个社会走上生产发展、生活富裕和生态良好的文明发展道路。本章从森林生态系统服务特征的角度出发，分析昆明市海口林场森林生态系统服务功能特征，并就特征现状提出相应的对策；核算了昆明市海口林场森林生态效益的补偿额度、编制了资产负债表，并设计了昆明市海口林场森林生态产品价值实现路径，进而为政府决策提供科学依据。

第一节　森林生态系统服务特征及科学对策

2015 年 1 月，习近平总书记考察云南，对云南提出了“努力成为生态文明建设排头兵”的战略定位。2020 年 1 月，习近平总书记再次考察云南，要求云南“努力在建设我国生态文明建设排头兵上不断取得新进展”。云南牢记嘱托，牢固树立“绿水青山就是金山银山”的发展理念，坚定不移走“生态优先、绿色发展”之路，生态文明建设排头兵工作取得前所未有的成就，生态环境持续优良、绿色发展更加深入、最美丽省份建设全面开启。《中共云南省委关于制定云南省国民经济和社会发展第十四个五年规划和二〇三五年远景目标的建议》提出了“一个筑牢”“三个全面”，即筑牢西南生态安全屏障、全面改善环境质量、全面推动绿色低碳发展、全面提高资源利用效率，清晰勾画云南“十四五”生态文明建设路线图。

中国特色社会主义进入了新时代，我国社会主要矛盾已经转化为人民日益增长的美好生活需要和不平衡不充分的发展之间的矛盾。人民对美好生活的需要，已经不再是单纯的物质文化生活需要，还包括对干净的水、清新的空气、安全的食品、优美的环境等方面的需要。老百姓过去“盼温饱”、现在“盼环保”，过去“求生存”、现在“求生态”。习近平总书记强调“环境就是民生，青山就是美丽，蓝天也是幸福”。积极顺应人民群众日益增长的优美生态环境需要，把推进生态文明建设作为重大民生工作来抓，努力创造更多优质生态产品，让优美生态环境成为提升人民群众幸福感和获得感的增长点。2020 年 4 月，中央全面深化改革委员会第十三次会议审议通过《全国重要生态系统保护和修复重大工程总体规划(2021—2035 年)》，将提高生态产品生产能力作为生态修复的目标（中央全面深化改革委员会第十三次会议，2020）。会议强调要统筹山水林田湖草一体化保护和修复，增强生态系统稳定性，促进自然生态系统质量的整体改善和生态产品供给能力的全面增强（中国共产党第十八届中央委员会第三次全体会议，2013）。森林作为陆地生态系统的主体，发挥着重要的涵养水源、保育土壤、净化大气环境、固碳释氧、林木养分固持、生物多样性保护、森林康养和林木产品供给等方面的功能，对于改善当地生态环境、保护生态安全、推进林业生态补偿制度的发展具有重要作用。通过分析昆明市海口林场森林生态系统服务功能呈现的特征，为后续森林生态系统服务功能的提升提供科学对策。

一、昆明市海口林场森林生态系统服务特征

1. 水土保持功能占主导，仍有提升潜力

利用森林的涵养水源与保育土壤两项生态功能，解决我国所面临的水土流失问题是森林生态系统的基本功能之一。昆明市海口林场森林生态系统涵养水源与保育土壤两项功能生态效益价值量共占总价值量的比例为 49.78%，排所有功能的第一位，成功发挥了“绿色水库”的作用。

昆明市海口林场地处滇中高原，滇池西南岸，是滇池水源涵养区和天然生态保护屏障，林场内主要河流海口河是滇池唯一的出水口，由滇池流出后注入普渡河，最终流入长江上游河段金沙江，对助力长江经济带保护与发展、昆明生态文明建设发挥着积极作用。昆明市海口林场森林生态系统涵养水源总物质量相当于大中型水库蓄水量10.41亿立方米的1.73%；昆明市海口林场森林生态系统固土总物质量26.23万吨/年，是牧羊河流域多年平均输沙量3.46万吨的7.58倍(图3-1)，有效降低了全市的土壤侵蚀量。昆明市海口林场森林生态系统很大程度上减少了水土流失，但就目前现状而言，由于缺乏科学的森林抚育和管理制度，导致部分区域的生态效益没有得到充分发挥。建议除增加造林面积和丰富树种选择外，重点结合妥善的森林抚育措施，例如加强对土地进行松土除草、抚育采伐、透光抚育等措施，使森林生态效益得到充分发挥，为昆明市、云南省乃至西南地区的社会经济可持续发展提供生态环境基础。

2. 森林“绿色碳库”功能特征分析

受全球气候变化的影响，生态系统固碳服务一直是生态系统价值核算等相关研究的重要指标之一。陆地生态系统通过一系列生物化学反应将大气中的二氧化碳储存到生态系统中，可以起到减缓全球气候变暖的作用。政府间气候变化专门委员会指出为确保2030年全球气温变暖幅度低于2℃（IPCC，2013），就需要控制大气二氧化碳浓度的升高，就必须减少碳排放，增加碳汇。习近平总书记在联合国大会上向世界庄严承诺，我国要在2030年实现碳达峰，2060年实现碳中和。森林生态系统通过光合作用固定并减少大气中的二氧化碳和提高并增加大气中的氧气，森林碳汇的发展对实现碳中和目标具有重要意义。森林生态系统的“绿色碳库”功能对维持地球大气中二氧化碳和氧气的动态平衡、减缓气候变化以及为人类生存基础来说，有着巨大和不可替代的作用。本研究中昆明市海口林场森林生态系统固碳量为1.14万吨/年，相当于抵消了2018年昆明市碳排放量的0.25%；绿色碳库功能价值量总和为5298.67万元/年，排所有功能的第四位。实现碳中和基本从两个方面展开一是通过多种途径进行碳减排；二是增加碳汇。森林发挥的“绿色碳库”功能在地区发展低碳经济和推进节能减排中发挥着重要的作用。并且随着碳汇交易的开展，促进了全区的经济发展，为生态建设提供资金，为碳中和目标的达到作出巨大贡献。

3. 生物多样性保护功能相对较高，还有待提升

森林是呵护生物多样性的摇篮，我国陆生野生动植物物种的80%以上生存于森林。云南复杂的地质、气候历史和多样的地形地貌，造就了极具特色的生物多样性，是全国物种最丰富的地区。由于历史原因，昆明市海口林场森林多为人工造林形成，加之栽树伐木的营林理念，导致现有森林群落结构比较简单，以云南松、华山松等纯林占比较重，珍贵树种少，生物多样性不足。因此，森林生态恢复重心将从注重森林面积转变到改善生物多样性上来，制定森林恢复政策措施，不断完善体制机制；加大人工林生物多样性改善的科研力度，结合云南省野生植物和极小种群植物保护规划，引种适合滇中地区生长的乡土树种和珍稀濒危野

生植物，增加物种多样性和生态系统稳定性，逐步建成滇中地区珍稀濒危野生植物迁地保护和回归研究基地。为了加强对生物多样性资源的价值认识，联合国环境规划署要求《生物多样性公约》缔约国进行广泛国情研究，重点评估生物多样性的经济价值,《中国 21 世纪议程》也提出要对生物多样性的经济价值进行核算。昆明市海口林场森林生态系统生物多样性保护价值占森林生态系统服务功能总价值量的比例为 27.03%，排所有功能类别的第二位，这一比例低于第八次全国森林资源清查期西部地区生物多样性保护价值占总价值量 49.40% 的比例，也低于第八次全国森林资源清查期生物多样性保护价值占总价值量 34.20% 的比例（国家林业局，2018），生物多样性保护功能价值较低，这是因为林地破碎化对生物多样性和林地其他价值产生长期不利影响（UK National Ecosystem Assessment，2011），但昆明市海口林场森林的景观破碎度和离散度均较低，聚集度和连通度均较高，应该有较高的生物多样性，实际生物多样性较低的现状表明还有很高的生物多样性功能空间。因此，需要提升森林的生物多样性功能，把森林生物多样性资源有效保护与合理利用结合起来，加快经济发展方式转变，推动可持续发展。

4. 森林康养功能较高，但与周边区域相比仍有差距

《昆明市城市总体规划（2018—2035 年）》指引城市的发展，着力解决发展不平衡不充分的问题，让昆明的天更蓝、山更绿、水更清、城更美，人民生活更幸福，美丽宜居花城，这就要求发挥更大的旅游价值，高质量的森林康养功能也必不可少。《云南省国土空间规划(2021—2035 年)》立足“山区、美丽”基本省情，建设成为全国生态文明的排头兵。昆明市海口林场森林康养价值为 6004.59 万元 / 年，占森林生态系统服务功能总价值的 10.76%，排所有功能的第三位，森林康养功能价值较高。昆明市海口林场是集生态、历史、人文于一体的“天然氧吧、颐养圣地”。1964 年 3 月 3 日，周恩来总理在本场宽地坝林区亲手栽下一株象征“中阿友谊”的油橄榄树。在周总理的亲切关怀下，中国从阿尔巴尼亚引进了 2000 余株油橄榄树苗，在昆明市海口林场试验种植，如今半个多世纪过去，当初的油橄榄幼苗已绿树成荫，成为昆明市海口林场的一笔宝贵财富，这段传奇故事也成为一段珍贵的记忆。

根据此次评估结果可以看到，昆明市海口林场具备一定发展基础和特色优势，综合效益还有待进一步发挥。一方面，昆明市海口林场彩叶树种较少，缺乏色彩点缀，林相较为单调，缺乏季相变化，建议进一步明晰区域生态功能定位，加强特色景观设计，提高森林群落的多样性和可观赏性；在充分调研的基础上，加强森林康养发展规划，完善文化、旅游配套设施建设，打造一批“小而美”“小而精”的森林康养旅游示范项目。另一方面，加强与甘南和西昌等其他国内优质油橄榄种植地交流合作，加大生态文化资源挖掘，将“总理树”的精神和内涵持续发扬光大，努力将林场打造成全国林业文化遗产地、全国森林养生基地和中小学环境教育社会实践基地，助力云南打造世界一流“健康生活目的地”。同时，也说明森林康养功能的覆盖面较窄，这就需要不断的拓宽森林康养的覆盖面：一方面不断巩固和提升

各营林区的森林康养功能；另一方面也要不断开拓出新的旅游景点和规划新的旅游产品。

5. 森林达到了净化大气环境的效果，但还有提升空间

世界上许多国家都采用植树造林的方法降低大气污染程度，植被对降低空气中细颗粒物浓度和吸收污染物的作用极其显著。昆明市海口林场森林生态系统净化大气环境价值为1202.24万元/年，排所有功能类别的第六位，仅占昆明市海口林场森林生态系统服务功能总价值量的2.15%，这一比例低于第八次全国森林资源清查期全国净化大气环境价值占总价值量9.29%的比例（国家林业局，2018）。故亟需提升昆明市海口林场森林生态系统的净化大气环境功能，大力实施植树造林和森林质量提升工程。从优势树种（组）来看，昆明市海口林场多以桉类、栎类、杨树、阔叶混交林和灌木林为主，这些树种类型面积占昆明市海口林场森林面积的54.08%，一半以上；华山松、云南松、柏木等针叶树面积相对较少，占昆明市海口林场森林面积的45.92%，而阔叶树吸收大气污染物和滞尘能力弱于针叶树（牛香等，2017），故昆明市海口林场森林治污减霾能力还不够显著；同时，从林龄结构看，昆明市海口林场多以幼龄林为主，各优势树种吸收污染物和颗粒物能力较弱。总体来看，昆明市海口林场森林生态系统有利于改善大气环境，提高人民生活质量与幸福指数，并有助于建立森林大气环境动态评价、监测和预警体系，为各级政府部门决策和政策制定及时提供科学依据，但由于树种结构尚不合理，虽然发挥了一定的净化大气环境功能，但其净化大气环境能力还不够显著。

二、昆明市海口林场森林生态服务提升的科学对策

2015年5月，中共中央、国务院出台《关于加快推进生态文明建设的意见》，首次将“绿水青山就是金山银山”写入中央文件。森林生态系统功能所产生的服务作为最普惠的生态产品，实现其价值转化具有重大的战略作用和现实意义。因此，建立健全生态系统服务实现机制，既是贯彻落实习近平生态文明思想、践行“绿水青山就是金山银山”理念的重要举措，也是坚持生态优先、推动绿色发展、建设生态文明的必然要求。生态系统功能是生态系统服务的基础，它独立于人类而存在，生态系统服务则是生态系统功能中有利于人类福祉的部分。如何进一步提升森林生态产品价值，本研究从昆明市海口林场森林生态系统服务功能特征入手，提出如下提升昆明市海口林场森林生态服务功能的科学对策。

1. 提升北部营林区森林质量，提高涵养水源和水土保持能力

坚持以习近平生态文明思想为指导，认真贯彻落实党中央、国务院关于健全生态补偿机制的决策部署，牢固树立绿水青山就是金山银山理念，以持续改善流域生态环境质量和推进水资源节约集约利用。全国重要生态系统保护和修复重大工程总体规划（2021—2035年）中对云南所处的青藏高原生态屏障区生态保护和修复重大工程明确指出加强沙化土地封禁保护，采用乔灌草结合的生物措施及沙障等工程措施促进防沙固沙及水土保持；同时，云南还

处于川滇生态屏障区，这一区域的生态修复和工程是开展水土流失和石漠化综合治理、土地综合整治、矿山生态修复等工程（自然资源部，2020）。将昆明市海口林场 4 个营林区分为北部、中部和南部地区，中部和南部地区的水土保持功能远大于北部区域，这说明南部和中部地区森林的涵养水源和水土保持作用巨大，而北部地区的森林水土保持功能还需提升，提升其森林的涵养水源和保育土壤能力，大力营造水源涵养林和水土保持林，以调节区域水分循环、防止河流、湖泊以及保护可饮水水源。

2. 加强动植物资源保护，提升生物多样性保护功能

昆明市海口林场是滇池西岸生态保护屏障，也是昆明生态系统的重要组成部分，所在区域森林资源丰富且分布集中，森林覆盖率高达 71.24%，具有完整的亚热带暖性针叶林和半湿润常绿阔叶林森林生态系统，拥有滇中地区珍贵的植被条件。生物多样性是人类社会赖以生存的条件，是人类社会经济能够持续发展的基础，是国家生态安全的基石。生物多样性的测度是有效保护生物多样性、合理利用其资源、保证其可持续发展的基础和关键。生物多样性是重要的生态产品，2018 年 5 月，第八次全国生态环境保护大会总结提出了习近平生态文明思想，生态产品价值实现理念成为贯穿习近平生态文明思想的核心主线。昆明市海口林场森林生物多样性保护价值占总价值的比例低于中国森林资源绿色核算西部地区生物多样性保护价值 49.40% 的比例（中国森林资源核算研究项目组，2015），这说明昆明市海口林场生物多样性还有极大的提升空间，特别是 Shannon-Wiener 多样性指数较低的妥乐营林区，仅为 2.87；其他营林区（中宝、宽地坝和山冲）Shannon-Wiener 多样性指数在 3.29~3.61 之间（图 5-1）。因此，若妥乐营林区的 Shannon-Wiener 多样性指数也提升到 3 以上，昆明市海口林场的生物多样保护价值每年还将增加 417 万元的生物多样性保护价值。

英国生态系统评估中指出为了实现“生物多样性目标”，各国都有义务通过保护林地物种并扩大林地生境（UK National Ecosystem Assessment, 2011）。借鉴英国对生物多样性保护的经验和昆明市海口林场实际情况，可以从如下方面提升生物多样性：首先，改变当前植被结构单一的情形，增加造林树种的种类，减少当前以华山松、桉类、桤木、云南松和柏木为主要树种的不利情形，多种植混交林，特别是阔叶混交林；第二，建立森林生物多样性保护合作伙伴关系，广泛调动国内外利益相关方参与森林生物多样性保护的积极性，充分发挥民间公益性组织和慈善机构的作用，共同推进森林生物多样性保护及可持续发展；第三，加强立法和执法，完善保护体制，严格遵照《中华人民共和国森林法》《生物多样性公约》《中华人民共和国环境保护法》《中华人民共和国野生动物保护法》和《森林和野生动物类型自然保护区管理办法》等法律法规和条例，严厉打击和查处破坏森林生物多样性的违法活动；第四，建立监测、监管体系，提高保护工作的有效性、可靠性及可操作性。

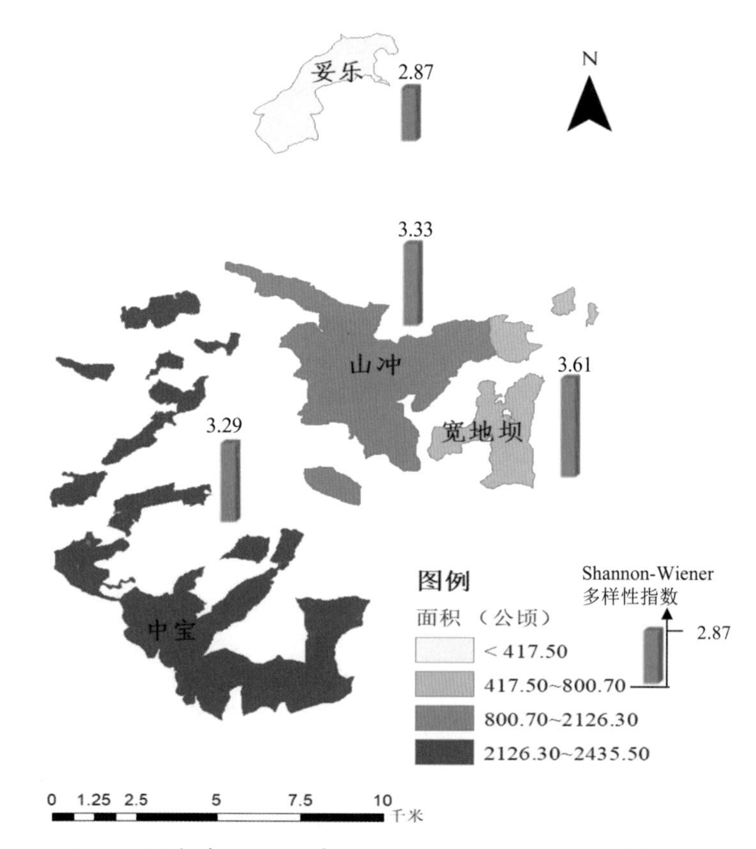

图 5-1 昆明市海口林场森林 Shannon-Wiener 多样性指数

3. 提升森林康养潜力，拓宽森林康养功能

2016 年 1 月，国家林业局发布《关于大力推进森林体验和森林养生发展的通知》，要求各地森林公园在开展一般性休闲游憩活动的同时，为人们提供各有侧重的森林养生服务；结合中老年人的多样化养生需求，构建集吃、住、行、游、娱和文化、体育、保健、医疗等于一体的森林养生体系，使良好的森林生态环境成为人们的养生天堂。2021 年“五一”期间昆明市旅游人数统计资料显示（图 5-2），在该时间段西山风景区接待旅游人数 9.77 万人，昆明市海口林场接待旅游人数 3.50 万人，云南民族村接待旅游人数 3.16 万人，金殿风景区接待旅游人数 2.47 万人。可见，昆明市海口林场接待旅游人数是云南民族村和金殿风景区接待旅游人数的 1.11 倍和 1.41 倍；但与西山风景区、石林风景区、世博园景区等景区的接待旅游人数还有差距。因此，还需要提升昆明市海口林场的森林康养功能，昆明市海口林场森林面积较大而且依山傍水，具有丰富的可供开发的旅游资源。根据国家标准《旅游资源分类、调查与评价》（GB/T 18972—2017）（国家旅游局，2017）中关于旅游资源的分类和昆明市海口林场的实际情况，今后可重点发展水域景观的游憩区域、生物景观、植被景观和自然景观；开展与昆明市海口林场自然保护区方向一致的参观、旅游项目，可在高原型景观、森林浴、植被景观、野生动物栖息地和教学科研实验场所方面重点发展旅游。同时，还有待建

设旅游设施和基地的空间，可以整合现有森林资源，注重整体风貌的打造、景观特征的塑造及景观游憩体系的构建，继续进一步提升森林康养功能。

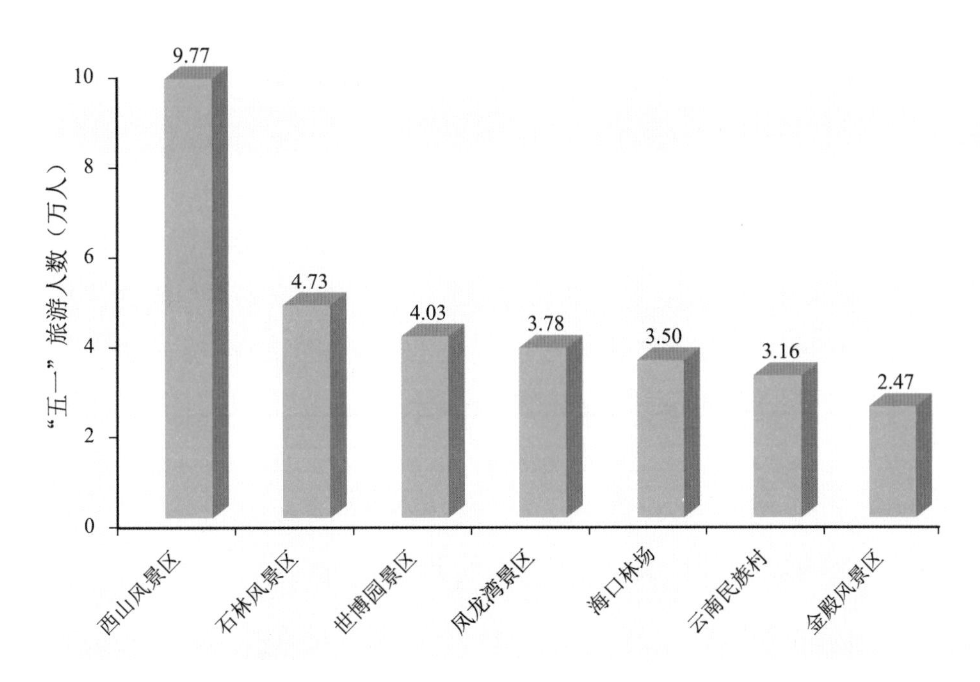

图 5-2　昆明市海口林场及周边风景区“五一”期间接待游客人数

昆明市海口林场作为昆明 14 个国有林场之一，汇聚着完备、优质的森林资源，经评估其森林生态系统森林康养价值量达 6004.59 万元 / 年。昆明市海口林场距昆明市中心约 50 千米，处在“一小时经济圈”内，林场内林业展馆和森林公园将人文景观和大自然融为一体，加上负氧离子含量充足，区位、生态和文化优势明显。2009 年以来，国家生态文明教育基地、云南省三生教育实践基地、云南省科学普及教育基地、昆明市爱国主义教育基地相继落户于此，每年吸引 20 余万人次到此参观旅游。昆明市海口林场被界定为“生态公益型林场”，由于体制机制限制，长期以来，这座“森林氧吧”难以开展生态旅游等经营活动。随着国家《国有林场改革方案》出台，省级层面围绕国有林场改革的探索在昆明市海口林场启动，林场向着爱国主义教育、生态文明教育基地方向发展，着力打造昆明最具特色的公益林森林生态文化公园。市场化运作也使得昆明市海口林场的资源得到进一步挖掘，开启“以林养林”的探索之路。

4. 调整针阔叶树种结构，多种植针叶树，提升净化大气环境能力

大量研究证明，植物能净化空气中的颗粒物，特别是在消纳吸收大气污染物，提高空气环境质量上具有显著的效果。树木可直接从大气中颗粒物中去除颗粒，或通过植物叶表面捕获悬浮颗粒。一些捕获的粒子可以吸收到树体，将大部分的颗粒截留在植物表面(Beckett，K.P et al.，2000 ；Freer-Smith et al.，2004)。相关研究认为，叶面的粗糙度影响细小颗粒物的滞留，颗粒物与叶面之间的物理作用力则是影响较大颗粒物滞留的主要因素（王兵等，

2015）。针叶树种吸收污染物和滞尘的能力均大于阔叶树，原因是针叶树绒毛较多、叶片多油脂、黏性较强，叶片表面着生细密绒毛，颗粒物与叶片表面接触并进入绒毛之间，被绒毛卡住，难以脱落，从而有利于颗粒物的滞留（Nowak et al.，2006；Zhang et al.，2015）；且针叶为常绿的，可以一年四季吸附污染物，而阔叶树叶表面较光滑、绒毛较少，不利于颗粒物的吸附。

针叶树净化大气环境的能力强于阔叶树，这在昆明已有类似研究，郭雨萱等（2021）指出针叶树种在燃烧状态下的 $PM_{2.5}$ 排放因子均高于阔叶树种，但是昆明市海口林场阔叶树和灌木林占森林面积的比例较大，阔叶树相对较多，由于针叶树的面积较少（表 5-1），且多以中龄林为主（32.68%），故森林吸收大气污染物和滞尘的能力较弱，故净化大气环境价值较低，这也是昆明市海口林场森林生态系统净化大气环境功能价值占总价值比例较低的主要原因。故在今后的营林造林中要适时地调整树种结构，多种植针叶林，尤其是妥乐营林区急需增加针叶树的面积，昆明市海口林场上有 162.30 公顷的宜林地，可以用来种植针叶树，从而提升净化大气环境能力，提升昆明市环境空气质量。

表 5-1　昆明市海口林场各营林区针叶林、阔叶林 + 灌木占森林面积的比例

营林区	针叶林（%）	阔叶林+灌木（%）
宽地坝	46.80	53.20
山冲	53.60	46.40
妥乐	3.69	96.31
中宝	46.17	53.83

从评估结果和各指标数据来看，昆明市海口林场仍存在森林资源分布不均，树种较单一、单位蓄积量不高等问题，这些制约着林场森林生态效益的进一步发挥。“十四五”期间，建议在持续巩固价值优势的基础上，建立科学有效的珍稀资源保存和利用体系，为优化森林资源结构、提升森林质量与服务价值、增强林业可持续发展提供保障；加强矿区、石漠化等困难地造林技术研究与示范，使林场的森林资源分布更加均匀，森林生态效益进一步增强；加强森林生态系水源涵养、水质净化、土壤保育等方面的研究，为进一步提升森林的生态服务质量奠定理论基础，最大程度发挥昆明市海口林场在滇池流域，乃至长江流域上游的水源涵养和天然生态屏障作用。

第二节　森林生态效益科学量化补偿研究

党的十九大鲜明提出，我们要建设的现代化，是人与自然和谐共生的现代化，既要创造更多物质财富和精神财富以满足人民日益增长的美好生活需要，也要提供更多优质生态产

品以满足人民日益增长的优美生态环境需要。这些新目标、新任务，是党中央坚持以人民为中心、贯彻新发展理念、把握我国发展的阶段性特征作出的决策部署。我们要建设的生态文明是同中国特色社会主义联系在一起的，我们要实现的现代化是同生态文明相统一的。实现党的十九大提出的建设社会主义现代化国家目标，必须把生态文明建设融入到经济建设、政治建设、文化建设、社会建设的各方面和全过程，推动形成人与自然和谐发展的现代化建设新格局，让优美生态环境成为经济社会持续健康发展的重要支撑。

随着人们对森林认识的逐渐加深，对森林生态效益的研究力度也在逐步加大，森林生态效益受到了各级政府部门的重视。对生态补偿的研究有利于生态效益评估工作的推进与开展，生态效益评估又有助于生态补偿制度的实施和利益分配的公平性。根据“谁受益、谁补偿，谁破坏、谁恢复”的原则，应该完善对重点生态功能区的生态补偿机制，形成相应的横向生态补偿制度，森林生态效益补偿可以更好地给予生态效益提供相应的补助（牛香，2012；王兵，2015）。在十三届全国人大四次会议期间，习总书记参加内蒙古代表团和青海代表团审议时，对内蒙古大兴安岭林区生态产品价值评估结果给予高度肯定，总书记指出生态本身就是价值，不仅有林木本身的价值，还有绿肺效应、更能带来旅游、林下经济等，“绿水青山就是金山银山”是增值的。2020 年 4 月，财政部等 4 部门发布了关于印发《支持引导黄河全流域建立横向生态补偿机制试点实施方案》的通知，目的是通过逐步建立黄河流域生态补偿机制，实现黄河流域生态环境治理体系和治理能力进一步完善和提升，河湖、湿地生态功能逐步恢复，水源涵养、水土保持等生态功能增强，生物多样性稳步增加，水资源得到有效保护和节约、集约利用（财政部等，2020），这些政策和研究均为昆明市海口林场森林生态效益量化补偿提供了依据。

森林生态效益科学量化补偿是基于人类发展指数的多功能定量化补偿，结合森林生态系统服务、福祉要素、省级财政支付能力的一种对森林生态系统服务提供者给予的补偿。

人类发展指数是对人类发展情况的总体衡量尺度。主要从人类发展的健康长寿、知识的获取以及生活水平三个基本维度衡量一个国家取得的平均成就。

1. 人类发展指数

人类发展指数（Human Development Index，即 HDI）是对人类发展情况的总体衡量尺度。它主要是从人类发展的健康长寿、知识的获取以及生活水平三个基本维度衡量一个国家取得的平均成就。HDI 是衡量每个维度取得成就的标准化指数的集合平均数，基本原理及估算方法已有相关研究（Klugman，2011）。

人类发展指数的基本原理如图 5-3 所示。

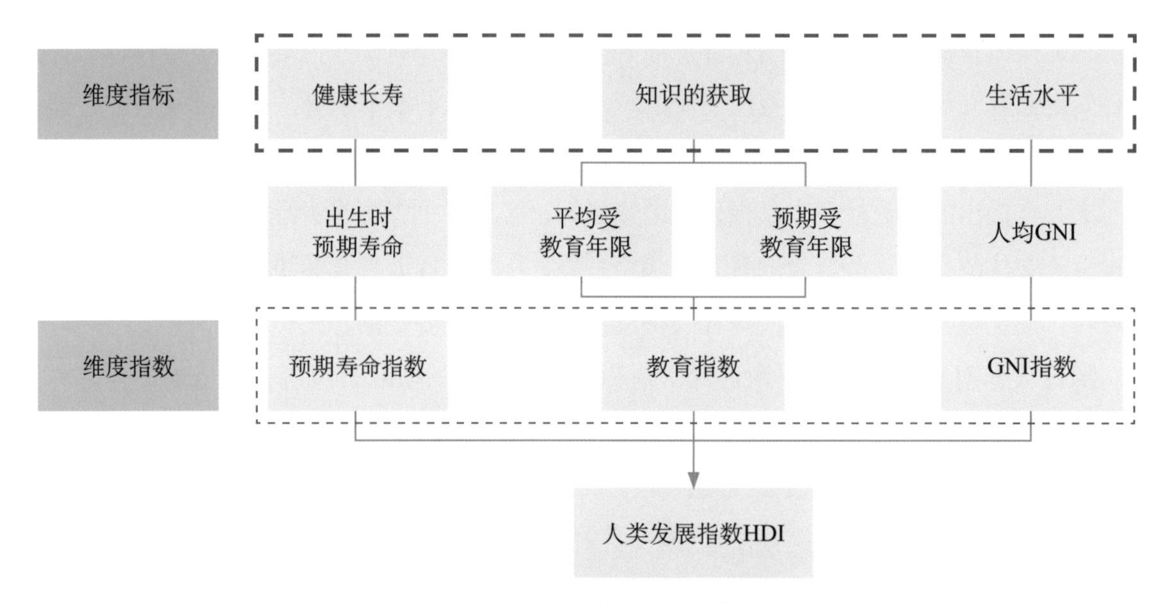

图 5-3　人类发展指数的基本原理

估算人类发展指数的方法：

第一步：建立维度指数。设定最小值和最大值（数据范围），将指标转变为 0~1 的数值。最大值是从有数据记载的年份至今观察到的指标的最大值，最小值可被视为最低生活标准的合适数值。国际上通用的最小值被定为：预期寿命为 20 年，平均受教育年限和预期受教育年限均为0年，人均国民总收入为100美元。定义了最大值和最小值之后按照如下公式计算，由于维度指数代表了相应维度能力，从收入到能力的转换可能是凹函数（Anand，1994）。因此，需要对维度指数的最小值和最大值取自然对数。

$$维度指数=(实际值-最小值)/(最大值-最小值) \quad (5\text{-}1)$$

$$即：I_{寿命}=(L_{实际值}-L_{最小值})/(L_{最大值}-L_{最小值}) \quad (5\text{-}2)$$

$$I_{教育1}=(Y_{实际值1}-Y_{最小值1})/(Y_{最大值1}-Y_{最小值1}) \quad (5\text{-}3)$$

$$I_{教育2}=(Y_{实际值2}-Y_{最小值2})/(Y_{最大值2}-Y_{最小值2}) \quad (5\text{-}4)$$

$$I_{教育}=[(I_{教育1}\cdot I_{教育2})-I_{最小值}]/(J_{最大值}-J_{最小值}) \quad (5\text{-}5)$$

$$I_{收入}=(\ln R_{实际值}-\ln R_{最小值})/(\ln R_{最大值}-\ln R_{最小值}) \quad (5\text{-}6)$$

式中：$I_{寿命}$——预期寿命指数；

$I_{教育}$——综合教育指数；

$I_{教育1}$——平均受教育年限指数；

$I_{教育2}$——预期受教育年限指数；

$I_{收入}$——收入指数；

$L_{实际值}$——寿命的实际值；

$L_{最大值}$——寿命的最大值；

$L_{最小值}$——寿命的最小值；

$Y_{实际值1}$——平均受教育年限的实际值；

$Y_{最大值1}$——平均受教育年限的最大值；

$Y_{最小值1}$——平均受教育年限的最小值；

$Y_{实际值2}$——预受教育年限的实际值；

$Y_{最大值2}$——预受教育年限的最大值；

$Y_{最小值2}$——预受教育年限的最小值；

$J_{最大值}$——综合教育指数的最大值；

$J_{最小值}$——综合教育指数的最小值；

$R_{实际值}$——人均国民收入的实际值：

$R_{最大值}$——人均国民收入的最大值：

$R_{最小值}$——人均国民收入的最小值。

$R_{实际值}$、$R_{最大值}$、$R_{最小值}$，经 PPP 调整，以美元表示。

第二步：将这些指数合成即为人类发展指数。公式如下：

$$\mathrm{HDI_i}=(I_{寿命}\cdot I_{教育}\cdot I_{收入})^{1/3} \tag{5-7}$$

而与人类发展指数相关的维度指标，恰好又是基本与人类福祉要素（诸如健康、维持高质量生活的基本物质条件、安全、良好的社会关系等）相吻合，而这些要素与森林生态系统服务功能密切相关，在经济学统计中，这些要素对应的恰恰又是居民消费的一部分。总的来说，人类发展指数是一个计算比较容易，计算方法简单，可以用比较容易获得的数据就可以计算的参数，且适用于不同的社会群体。HDI 也可以作为社会进步程度及社会发展程度的重要反映指标。

2. 人类发展指数的维度指标与福祉要素的关系

人类发展指数的三个维度是健康长寿、知识的获取以及生活水平，福祉要素主要包括安全保障、维持高质量生活所需要的基本物质条件、选择与行动的自由、健康以及良好的社会关系等。显然，人类发展指数与人类幸福度（福祉要素）具有密切的关系，如健康长寿与健康和安全保障、知识的获取与良好的社会关系和选择行动的自由、生活水平与维持高质量生活所需要的基本物质条件等，均具有对应的关系。正如人们所经历和所意识到的那样，福祉要素与周围的环境密切相关，并且可以客观地反映出当地的地理、文化与生态状况等，通过人类发展基本消费指数（NHDI）体现居民消费中的食品类支出、医疗保健类支出和文教娱乐用品及服务类支出在其中的所占份额，从而体现居民物质生活的幸福度水平。

3. 生态系统服务功能与人类福祉的关系

生态系统与人类福祉的关系如图 5-4 所示。主要表现：一方面，持续变化的人类状况可以直接或间接地驱动生态系统发生变化；另一方面，生态系统的变化又可以导致人类的福祉状况发生改变。同时，许多与环境无关的其他因素也可以改变人类的福祉状况，而且诸多自然驱动力也在持续不断地对生态系统产生影响。

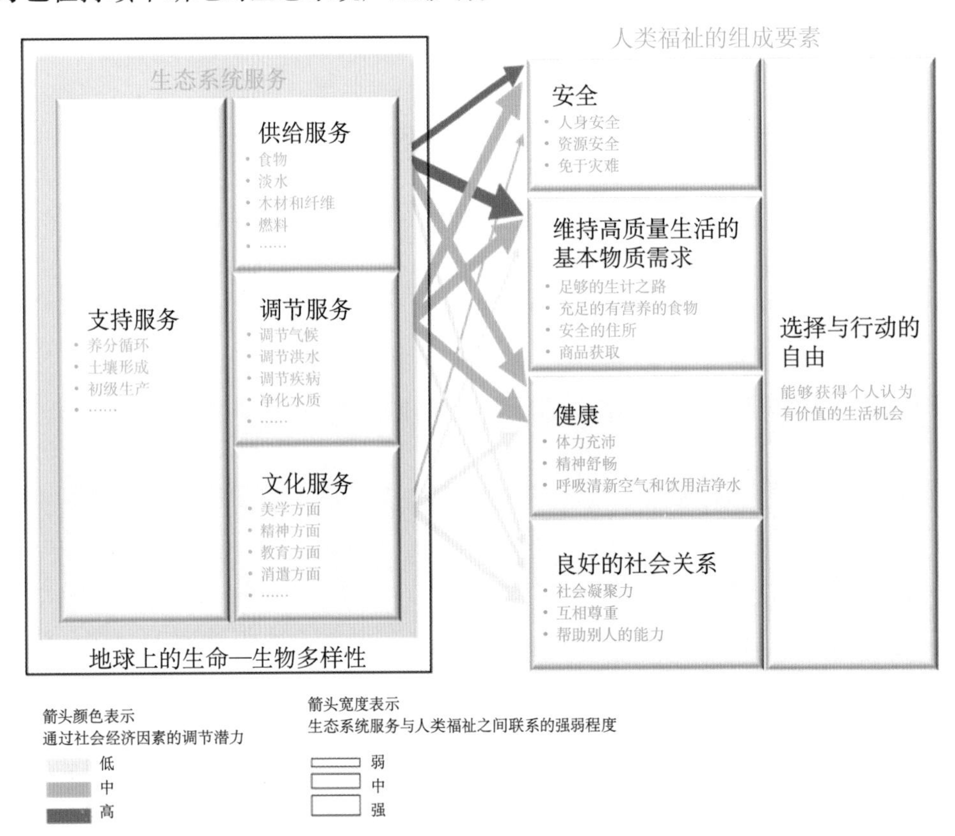

图 5-4　生态系统服务功能与人类福祉的关系（联合国千年生态系统评估框架，2005）

4. 生态效益定量化补偿计算

通过分析人类发展指数的维度指标，将其与人类福祉要素有机地结合起来，而这些要素与生态系统服务功能密切相关。在认识三者之间关系的背景下，进一步提出了基于人类发展指数的森林生态效益多功能定量化补偿系数。具体方法和过程介绍如下：

该方法是基于人类发展指数，综合考虑各地区财政收入水平而提出的适合森林生态系统多功能定量化补偿系数（MQC）。

$$MQC_i=NHDI_i \cdot FCI_i \tag{5-8}$$

式中：MQC_i——i 森林生态系统效益多功能定量化补偿系数，以下简称“补偿系数”；

$NHDI_i$——i 人类发展基本消费指数；

FCI_i——i 财政相对补偿能力指数。

其中，

$$NHDI_i=[(C_1+C_2+C_3)/GDP_i] \tag{5-9}$$

式中：C_1——居民消费中的食品类支出；

C_2——医疗保健类支出；

C_3——文教娱乐用品及服务类支出；

GDP_i———i 市级某一年的国民生产总值。

$$FCI_i=G_i/G \tag{5-10}$$

式中：G_i——区级的财政收入；

G——昆明市的财政收入。

所以公式可改写为：

$$MQC_i=[(C_2+C_1+C_3)/GDP_i]\cdot(G_i/G) \tag{5-11}$$

由森林生态效益多功能定量化补偿系数可以进一步计算补偿总量及补偿额度，如公式所示：

$$TMQC_i=MQC_i\cdot V_i \tag{5-12}$$

式中：$TMQC_i$——i 森林生态系统效益多功能定量化补偿总量，以下简称“补偿总量”；

V_i——i 森林生态效益。

$$SMQC_i=TMQC_i/A_i \tag{5-13}$$

式中：$SMQC_i$——i 森林生态系统效益多功能定量化补偿额度，以下简称“补偿额度”；

A_i——i 森林面积。

利用人类发展指数等转换公式，并根据云南省统计年鉴数据，计算得出昆明市海口林场森林生态效益多功能定量化补偿系数、财政相对补偿能力指数、补偿总量及补偿额度，见表 5-2，云南省对森林生态效益的补偿为每亩 10.00 元 / 年，属于一种政策性的补偿；而根据人类发展指数等计算的补偿额度为 19.57[元 /（亩· 年）]，高于政策性补偿。利用这种方法计算的生态效益定量化补偿系数是一个动态的补偿系数，不但与人类福祉的各要素相关，而且进一步考虑了省级财政的相对支付能力。以上数据说明，随着人们生活水平的不断提高，人们不再满足于高质量的物质生活，对于舒适环境的追求已成为一种趋势，而森林生态系统对舒适环境的贡献已形成共识，昆明市海口林场生态效益多功能定量补偿总量为 169.67 万

元 / 年，相当于 2018 年昆明市财政收入的 0.003%，即政府每年投入约 0.003% 的财政收入来进行森林生态效益补偿，那么相应地将会极大提高人类的幸福指数，这将有利于昆明市海口林场的森林资源经营与管理。

表 5-2　昆明市海口林场森林生态效益多功能定量化补偿情况

补偿系数(%)	补偿总量(万元/年)	补偿额度		政策补偿[元/（亩·年）]
		[元/（公顷·年）]	[元/（亩·年）]	
0.30	169.67	293.55	19.57	10.00

根据昆明市海口林场森林生态效益得到不同营林区的多功能定量补偿的分配系数（表 5-3），中宝营林区和山冲营林区的分配系数最高，分别为 43.04% 和 35.46%，这两个营林区的补偿总量也最大，分别是 73.02 万元 / 年和 60.17 万元 / 年；获得的补偿额度分别为 299.84[元 /(公顷· 年)] 和 282.99[元 /(公顷· 年)]。宽地坝营林区和妥乐营林区的分配系数最小，分别为 14.41% 和 7.08%，这两个营林区的补偿总量也较小，分别是 24.46 万元 / 年和 12.02 万元 / 年；获得的补偿额度分别为 305.43[元 /(公顷· 年)] 和 287.90[元 /(公顷· 年)]。

表 5-3　昆明市海口林场各营林区生态效益多功能定量化补偿

营林区	生态价值(万元/年)	分配系数(%)	补偿总量(万元/年)	补偿额度	
				[元/(公顷·年)]	[元/(亩·年)]
宽地坝	7169.73	14.41	24.46	305.43	20.36
山冲	17641.11	35.46	60.17	282.99	18.87
妥乐	3523.08	7.08	12.02	287.90	19.19
中宝	21409.06	43.04	73.02	299.84	19.99

注：表中的生态价值不包括林木产品供给和森林康养功能价值。

根据昆明市海口林场森林资源状况，共分为 15 个优势树种 (组)。根据各优势树种（组）生态效益得到各优势树种（组）的多功能定量补偿的分配系数（表 5-4），华山松、桉类和桤木的分配系数最高，分别为 28.16%、12.00% 和 10.47%，这 3 个优势树种（组）的补偿总量也最大，分别是 47.78 万元 / 年、20.36 万元 / 年和 17.76 万元 / 年；获得的补偿额度分别为 308.02[元 /(公顷· 年)]、267.24[元 /(公顷· 年)] 和 313.00[元 /(公顷· 年)]。杉木和秃杉的分配系数最小，均为 0.02%，这两个优势树种（组）的补偿总量也较小，均为 0.04 万元；获得的补偿额度分别为 283.11[元 /(公顷· 年)] 和 322.18 [元 /(公顷· 年)]。补偿额度最高的是针阔混交林和阔叶混交林，最低的是灌木林。补偿总量的变化趋势与补偿系数的变化趋势一致，均与各优势树种（组）的森林生态效益价值量成正比，但与各优势树种（组）的补偿额度并不一致，这是因为各优势树种（组）的面积和质量不同。

表 5-4　昆明市海口林场主要优势树种（组）生态效益多功能定量化补偿

优势树种（组）	生态价值（万元/年）	分配系数（%）	补偿总量（万元/年）	补偿额度	
				[元/(公顷·年)]	[元/(亩·年)]
华山松	14008.67	28.16	47.78	308.02	20.53
桉类	5967.70	12.00	20.36	267.24	17.82
桤木	5207.62	10.47	17.76	313.00	20.87
云南松	3744.34	7.53	12.77	255.69	17.05
柏木	2631.01	5.29	8.97	223.74	14.92
其他软阔类	2705.00	5.44	9.23	339.21	22.61
栎类	2361.97	4.75	8.06	366.71	24.45
杨树	900.93	1.81	3.07	379.85	25.32
油杉	748.96	1.51	2.55	286.72	19.11
杉木	10.79	0.02	0.04	283.11	18.87
秃杉	10.39	0.02	0.04	322.18	21.48
阔叶混交林	3704.76	7.45	12.64	397.01	26.47
针叶混交林	1230.85	2.47	4.20	378.23	25.22
针阔混交林	1452.28	2.92	4.95	418.38	27.89
灌木林	5057.72	10.17	17.25	219.21	14.61

注：表中的生态价值不包括林木产品供给和森林康养功能价值。

第三节　昆明市海口林场森林资源资产负债表编制

党的十八届三中全会提出要“探索编制自然资源资产负债表，对领导干部实行自然资源资产离任审计”，这是推进生态文明建设的重大制度创新，也是加快建立绿色 GDP 为导向的政绩考核体系，进一步发挥环境优化经济发展的基础性作用的重要途径。2015 年，中共中央、国务院印发了《生态文明体制改革总体方案》。与此同时，强调生态文明体制改革工作以“1+6”方式推进，其中包括领导干部自然资源资产离任审计的试点方案和编制自然资源资产负债表试点方案。自然资源资产负债表是用国家资产负债表的方法，将全国或一个地区的所有自然资源资产进行分类加总形成报表，显示某一时间点上自然资源资产的“家底”，反映一定时间内自然资源资产存量的变化，准确把握经济主体对自然资源资产的占有、使用、消耗、恢复和增值活动情况，全面反映经济发展的资源消耗、环境代价和生态效益，从而为环境与发展综合决策、政府生态环境绩效评估考核、生态环境补偿等提供重要依据。探索编制昆明市海口林场森林资源资产负债表，是深化昆明市海口林场生态文明体制改革，推进生态文明建设的重要举措。对于研究如何依托昆明市海口林场丰富的森林资源，实施绿色发展战略，建立生态环境损害责任终身追究制，进行领导干部考核和落实十八届三中全会精神，以及解决绿色经济发展和可持续发展之间的矛盾等具有十分重要的意义。

一、账户设置

结合相关财务软件管理系统，以国有林场与苗圃财务会计制度所设定的会计科目为依据，建立三个账户：①一般资产账户，用于核算昆明市海口林场正常财务收支情况；②森林资源资产账户，用于核算昆明市海口林场森林资源资产的林木资产、林地资产、湿地资产、非培育资产；③森林生态系统服务功能账户，用来核算昆明市海口林场森林生态系统服务功能，包括：保育土壤、林木养分固持、涵养水源、固碳释氧、净化大气环境、生物多样性保护、提供林产品和森林康养等生态服务功能。

二、森林资源资产账户编制

联合国粮农组织林业司编制的《林业的环境经济核算账户——跨部门政策分析工具指南》指出，森林资源核算内容包括林地和立木资产核算、林产品和服务的流量核算、森林环境服务核算和森林资源管理支出核算。而我国的森林生态系统核算的内容一般包括：林木、林地、林副产品和森林生态系统服务。因此，参考 FAO 林业环境经济核算账户和我国国民经济核算附属表的有关内容，确定本研究的昆明市海口林场森林资源核算评估的内容主要为林地、林木、林副产品。

1. 林地资产核算

林地是森林的载体，是森林物质生产和生态服务的源泉，是森林资源资产的重要组成部分，完成林地资产核算和账户编制是森林资源资产负债表的基础。本研究中林地资源的价值量估算主要采用年本金资本化法。其计算公式为：

$$E=A/P \tag{5-14}$$

式中：E——林地评估值（元/公顷）；

A——年平均地租[元/（公顷·年）]；

P——利率。

本研究确定林地价格时，生长非经济树种的林地地租为160.00[元/（亩·年）]，生长经济树种的林地地租为230.00[元/亩·年）]，利率按6%计算。根据计算公式可得，昆明市海口林场2018年生长非经济树种林地（含灌木林）的林地价值为24472.40万元，生长经济树种的林地价值为478.98万元，林地总价值量为24951.38万元（表5-5）。由此可见，昆明市海口林场林地价值量相当可观。

表 5-5　昆明市海口林场林地价值评估

林地类型	平均地租[元/（亩·年）]	利率(%)	林地价格（元/公顷）	面积（公顷）	价值（万元）
非经济树种林地（含灌木林）	160.00	6	40000.00	6118.10	24472.40
经济树种林地	230.00	6	57500.00	83.30	478.98
合计				6201.40	24951.38

2. 林木资产核算

林木资源是重要的环境资源，可为建筑和造纸、家具及其他产品生产提供投入，是重要的燃料来源和碳汇集地。编制林木资源资产账户，可将其作为计量工具提供信息，评估和管理林木资源变化及其提供的服务。

（1）幼龄林、灌木林等林木价值量采用重置成本法核算。其计算公式如下：

$$E_n=k\cdot\sum_{i=1}^{n}C_i(1+P)^{n-i+1} \tag{5-15}$$

式中：E_n——林木资产评估值（元/公顷）；

k——林分质量调整系数；

C_i——第 i 年以现时工价及生产水平为标准计算的生产成本，主要包括各年投入的工资、物质消耗等（元）；

N——林分年龄；

P——利率(%)。

（2）中龄林、近熟林林木价值量采用收获现值法计算。其计算公式如下：

$$E_n=k\cdot\frac{A_u+D_a(1+P)^{u-a}+D_b(1+P)^{u-b}+\cdots}{R_1}-\sum_{i=n}^{u}\frac{C_i}{(1+P)^{i-n+1}} \tag{5-16}$$

式中：E_n——林木资产评估值（元/公顷）；

k——林分质量调整系数；

A_u——标准林分 u 年主伐时的纯收入（元）；

D_a、D_b——标准林分第 a、b 年的间伐纯收入（元）；

C_i——第 i 年的营林成本（元）；

u——森林经营类型的主伐年龄；

n——林分年龄；

P——利率（%）。

(3) 成熟林、过熟林林木价值量采用市场价倒算算法。其计算公式如下：

$$E_n=W-C-F \tag{5-17}$$

式中：E_n——林木资产评估值（元/公顷）；

W——销售总收入（元）；

C——木材生产经营成本（包括采运成本、销售费用、管理费用、财务费用及有关税费）（元）；

F——木材生产经营合理利润（元）。

本研究中，林木资产价值核算未包含经济林林木资产的价值，经济林的价值体现到林地价值和林产品价值中。参照王骁骁（2016）的计算方法，k 取 1，C 第一年取 470 元/亩，第二年 220 元/亩，第三年 190 元/亩，第四年 40 元/亩，P 取 0.06，计算得到单位面积幼龄林和灌木林的平均重置成本为 1111.27 元/公顷，与幼龄林、灌木林面积相乘得到两类林木的资产价值。因为缺少林木资源生长过程表或收获表等计算必要数据，本研究将采用市场价格倒算法对中龄林、近熟林资源价值进行评估，成熟林和过熟林采用市场价倒算法进行评估，根据文献调查数据(凌笋，2019)，得到 W 为 709.91 元立方米，C 为 156.82 元/立方米，F 为 15.45 元/立方米，单位蓄积林木资产评估价值为 537.65 元/立方米，据此计算中龄林、近熟林、成熟林和过熟林的林木资产价值；再加上幼龄林和灌木林的林木资产价值，昆明市海口林场林木资产总价值为 19448.66 万元(表 5-6)。其中，中龄林和近熟林的林木产值较大，这与其面积和蓄积量较大有关。

表 5-6　昆明市海口林场林木资产价值估算

林分类型	龄组	面积（公顷）	蓄积量（立方米）	林木资产价值（万元）
乔木林（不含经济林种）	幼龄林	739.20	37730.00	82.15
	中龄林	1888.70	136900.00	7360.43
	近熟林	1241.70	113370.00	6095.34
	成熟林	977.40	97660.00	5250.69
	过熟林	145.90	10650.00	572.60
灌木林		787.00	—	87.46
合计		5779.90	396310.00	19448.66

3. 林产品核算

林产品指从森林中，通过人工种植和养殖或自然生长的动植物上所获得的植物根、茎、叶、干、果实、苗木种子等可以在市场上流通买卖的产品，主要分为木质产品和非木质产品。其中，非木质产品是指以森林资源为核心的生物种群中获得的能满足人类生存或生产需

要的产品和服务。包括植物类产品、动物类产品和服务类产品，如野果、药材、蜂蜜等。

林产品价值量评估主要采用市场价值法，在实际核算森林产品价值时，可按林产品种类分别估算。评估公式：某林产品价值 = 产品单价 × 该产品产量。根据昆明市海口林场的实际数据，其林产品包括蓝食用菌、水果、干果、药材等，参照这些林产品的市场价格，从而可以得出林产品的价值量 9.96 万元（表 5-7）。其中，水果的产值最高，为 4 万元；其次是菌类，为 3.20 万元，占比为 32.13%；药材资源产值排第三，最小的是干果产值，仅为 0.96 万元，占比为 9.64%。

表 5-7　昆明市海口林场林产品价值量统计

涉林产业	菌类	水果	干果	药材	合计
产量（千克）	2000.00	4000.00	1200.00	3000.00	10200.00
价值（万元）	3.20	4.00	0.96	1.80	9.96
比例（%）	32.13	40.16	9.64	18.07	100.00

根据表 5-8 统计可知，昆明市海口林场森林资源资产中，林地资源资产价值量所占比例最高（56.19%），其次为林木资源资产价值（43.79%），林产品资产价值量所占比例较少，仅为 0.02%。

表 5-8　昆明市海口林场森林资源价值量评估统计

森林资源	林地资源	林木资源	林产品	合计
价值（万元）	24951.38	19448.66	9.96	44410.00
比例（%）	56.19	43.79	0.02	100.00

三、昆明市海口林场森林资源资产负债表

结合上述计算方法以及昆明市海口林场森林生态系统服务功能价值量核算结果，编制出 2018 年昆明市海口林场森林资源资产负债表，见表 5-9。

表 5-9　昆明市海口林场森林资源资产负债表（传统资产 + 生态资产负债表）

万元

资产	行次	期初数	期末数	负债及所有者权益	行次	期初数	期末数
流动资产：	1			流动负债：	100		
货币资金	2			短期借款	101		
短期投资	3			应付票据	102		
应收票据	4			应收账款	103		
应收账款	5			预收款项	104		
减：坏账准备	6			育林基金	105		

（续）

资产	行次	期初数	期末数	负债及所有者权益	行次	期初数	期末数
应收账款净额	7			拨入事业费	106		
预付款项	8			专项应付款	107		
应收补贴款	9			其他应付款	108		
其他应收款	10			应付工资	109		
存货	11			应付福利费	110		
待摊费用	12			未交税金	111		
待处理流动资产净损失	13			其他应交款	112		
一年内到期的长期债券投资	14			预提费用	113		
其他流动资产	15			一年内到期的长期负债	114		
	16			国家投入	115		
	17			育林基金	116		
流动资产合计	18			其他流动负债	117		
营林，事业费支出：	19			应付林木损失费	118		
营林成本	20			流动负债合计	119		
事业费支出	21			应付森源资本：	120		
营林，事业费支出合计	22			应付森源资本	121		
森源资产：	23			应付林木资本款	122		
森源资产	24	44410.00		应付林地资本款	123		
林木资产	25	19448.66		应付湿地资本款	124		
林地资产	26	24951.38		应付培育资本款	125		
林产品资产	27	9.96		应付生态资本：	126		
培育资产	28			应付生态资本	127		
应补森源资产：	29			保育土壤	128		
应补森源资产	30			林木养分固持	129		
应补林木资产款	31			涵养水源	130		
应补林地资产款	32			固碳释氧	131		
应补湿地资产款	33			净化大气环境	132		
应补非培育资产款	34			森林防护	133		
生量林木资产：	35			生物多样性保护	134		
生量林木资产	36			林木产品供给	135		
应补生态资产：	37			森林康养	136		
应补生态资产	38			其他生态服务功能	137		
保育土壤	39			长期负债：	138		
林木养分固持	40			长期借款	139		
涵养水源	41			应付债券	140		
固碳释氧	42			长期应付款	141		

（续）

资产	行次	期初数	期末数	负债及所有者权益	行次	期初数	期末数
净化大气环境	43			其他长期负债	142		
森林防护	44			其中：住房周转金	143		
生物多样性保护	45			长期发债合计	144		
林木产品供给	46			负债合计	145		
森林康养	47			所有者权益：	146		
其他生态服务功能	48			实收资本	147		
生态交易资产：	49			资本公积	148		
生态交易资产	50			盈余公积	149		
保育土壤	51			其中：公益金	150		
林木养分固持	52			未分配利润	151		
涵养水源	53			生量林木资本	152		
固碳释氧	54			生态资本	153	55810.68	
净化大气环境	55			保育土壤	154	3768.14	
森林防护	56			林木养分固持	155	370.23	
生物多样性保护	57			涵养水源	156	24016.08	
林木产品供给	58			固碳释氧	157	5298.67	
森林康养	59			净化大气环境	158	1202.26	
其他生态服务功能	60			森林防护	159		
生态资产：	61			生物多样性保护	160	15087.60	
生态资产	62	55810.68		林木产品供给	161	63.10	
保育土壤	63	3768.14		森林康养	162	6004.59	
林木养分固持	64	370.23		其他生态服务功能	163		
涵养水源	65	24016.08		森源资本	164	44410.00	
固碳释氧	66	5298.67		林木资本	165	19448.66	
净化大气环境	67	1202.26		林地资本	166	24951.38	
森林防护	68			林产品资本	167	9.96	
生物多样性保护	69	15087.6		非培育资本	168		
林木产品供给	70	63.10		生态交易资本	169		
森林康养	71	6004.59		保育土壤	170		
其他生态服务功能	72			林木养分固持	171		
生量生态资产：	73			涵养水源	172		
生量生态资产	74			固碳释氧	173		
保育土壤	75			净化大气环境	174		
林木养分固持	76			森林防护	175		
涵养水源	77			生物多样性保护	176		
固碳释氧	78			林木产品供给	177		
净化大气环境	79			森林康养	178		
森林防护	80			其他生态服务功能	179		

（续）

资产	行次	期初数	期末数	负债及所有者权益	行次	期初数	期末数
生物多样性保护	81			生量生态资本	180		
林木产品供给	82			保育土壤	181		
森林康养	83			林木养分固持	182		
其他生态服务功能	84			涵养水源	183		
长期投资：	85			固碳释氧	184		
长期投资	86			净化大气环境	185		
固定资产：	87			森林防护	186		
固定资产原价	88			生物多样性保护	187		
减：累积折旧	89			林木产品供给	188		
固定资产净值	90			森林康养	189		
固定资产清理	91			其他生态服务功能	190		
在建工程	92				191		
待处理固定资产净损失	93				192		
固定资产合计	94				193		
无形资产及递延资产：	95				194		
递延资产	96				195		
无形资产	97				196		
无形资产及递延资产合计	98			所有者权益合计	197		
资产总计	99	100220.68		负债及所有者权益总计	198	100220.68	

第四节　森林生态产品价值实现途径设计

“绿水青山就是金山银山”理念不仅是习近平生态文明思想的核心，也是指导全球可持续发展和生态文明建设的重要方法。联合国环境规划署早在2016年5月就出版了《绿水青山就是金山银山：中国生态文明战略与行动》，英文书名就是《Green is Gold》(《绿色就是金子》)，完整地诠释了基于“绿水青山就是金山银山”理念的生态产品价值实现这样一个理论和实践命题。实现生态产品价值就是当前摆在我们面前，践行“绿水青山就是金山银山”理念的时代任务和重大实践课题（王金南，2020)。生态产品是人类从自然界获取的生态服务和最终物质产品的总称，既包括清新的空气、洁净的水体、安全的土壤、良好的生态、美丽的自然、整洁的人居，还包含人类通过产业生态化、生态产业化形成的生态标签产品。生态产品保护补偿是生态产品价值实现的重要方式之一，以生态产品质量和价值为基础，通过纵向转移支付、横向转移支付、异地开发等方式实现优质生态产品可持续和多样化供给（王金

南和刘桂环，2021）。目前，中共中央办公厅、国务院办公厅印发《关于建立健全生态产品价值实现机制的意见》（以下简称《意见》），首次将生态产品价值实现机制进行了系统化、制度化阐述，提出建立生态环境保护者受益、使用者付费、破坏者赔偿的利益导向机制，探索政府主导、企业和社会各界参与、市场化运作、可持续的生态产品价值实现路径，推进生态产业化和产业生态化，构建绿水青山转化为金山银山的政策制度体系。《意见》为完善生态产品保护补偿指出了明确的方向。

生态产品价值实现的过程，是经济社会发展格局、城镇空间布局、产业结构调整和资源环境承载能力相适应的过程，有利于实现生产空间、生活空间和生态空间的合理布局。生态产品具有非竞争性和非排他性的特点，是一种与生态密切相关的、社会共享的公共产品。推动生态产品全民共享，大力推进全民义务植树，创新公众参与生态保护和修复模式，适当开放自然资源丰富的重大工程区域，让公众深切感受生态保护和修复成就，提高重大工程建设成效的社会认可度，积极营造全社会爱生态、护生态的良好风气（自然资源部，2020）。习近平总书记在深入推动长江经济带发展座谈会上强调，要积极探索推广绿水青山转化为金山银山的路径，选择具备条件的地区开展生态产品价值实现机制试点，探索政府主导、企业和社会各界参与、市场化运作、可持续的生态产品价值实现路径。探索生态产品价值实现，是建设生态文明的应有之义，也是新时代必须实现的重大改革成果。

森林所产生的服务作为最普惠的生态产品，实现其价值转化具有重大的战略作用和现实意义。因此，建立健全生态产品价值实现机制，既是贯彻落实习近平生态文明思想、践行“绿水青山就是金山银山”理念的重要举措，也是坚持生态优先、推动绿色发展、建设生态文明的必然要求。本研究在以往学者研究基础上，研究昆明市海口林场森林生态产品的价值实现途径技术，为昆明市海口林场森林生态产品的价值转化提供依据。

一、生态产品概念的提出与发展

生态产品的概念在2010年《全国主体功能区规划》中首次提出，被定义为“维系生态安全、保障生态调节功能、提供良好人居环境的自然要素”，一方面基于国际上生态系统服务研究成果，以生态系统调节服务为主；另一方面从人类需求角度出发，将清新空气、清洁水源等人居环境纳入其中，对生态系统服务来说是一个巨大的提高。“产品”是作为商品提供给市场、被人们使用和消耗的物品，产品的生产目的就是通过交换转变成商品，商品是用来交换的劳动产品，产品进入交换阶段就成为商品。因此，我国提出生态产品概念的战略意图就是要把生态环境转化为可以交换消费的生态产品，充分利用我国改革开放后在经济建设方面取得的经验、人才、政策等基础，用搞活经济的方式，充分调动起社会各方开展环境治理和生态保护的积极性，让价值规律在生态产品的生产、流通与消费过程发挥作用，以发展经济的方式解决生态环境的外部不经济性问题。

生态产品是指生态系统的生物生产功能和人类社会的生产劳动共同作用提供人类社会使用和消费的终端产品或服务，包括保障人居环境、维系生态安全、提供物质原料和精神文化服务等人类福祉或惠益，是与农产品和工业产品并列的，满足人类美好生活需求的生活必需品。生态产品的概念对比生态系统服务的概念，有三个特点：①将生态产品定义局限于终端的生态系统服务，阐明了生态产品与生态系统服务和纯粹的经济产品之间的边界关系；②明确生态产品的生产者是生态系统和人类社会，阐明了生态产品与非生态自然资源之间的边界关系；③明确生态产品含有人与人之间的社会关系，为阐明生态产品价值实现机制提供了经济学基础。

自 2010 年开始，生态产品及其价值实现理念多次在党和国家的重要文件及讲话中提及，逐渐演变成贯穿习近平生态文明思想的核心主线。生态产品及其价值实现理念随着我国生态文明建设的深入逐渐深化和升华，从最初的仅当作国土空间优化的一个要素到党的十八大报告提出将生态产品生产能力看作是提高生产力的重要组成部分；到 2016 年在生态产品概念基础上首次提出价值实现理念；2017 年提出开展生态产品价值实现机制试点深化对生态产品的认识和要求；2018 年习近平总书记在深入推动长江经济带发展座谈会的讲话为生态产品价值实现指明了发展方向、路径和具体要求，生态产品价值实现正式成为习近平生态文明思想的核心主线，并在 2018 年年底提出以生态产品产出能力为基础健全生态保护补偿及其相关制度；随后习近平总书记在黄河流域生态保护和高质量发展座谈会上提出国家生态功能区要创造更多生态产品，2020 年 4 月提出将提高生态产品生产能力作为生态修复的目标，生态价值实现的理论逐渐演变成为生态文明的核心理论基石。

伟大的理论需要丰富鲜活的实践支撑，生态产品及其价值实现理念为习近平生态文明思想提供了物质载体和实践抓手，各个部门、各级政府在实际工作中应将生态产品价值实现作为工作目标、发力点和关键绩效，通过生态产品价值实现将习近平生态文明思想从战略部署转化为具体行动，本研究根据国内外研究进展，探索昆明市海口林场森林生态产品价值实现的途径与方法。

生态产品及其价值实现理念的提出是我国生态文明建设在思想上的重大变革，随着我国生态文明建设的逐步深入，逐渐演变成为贯穿习近平生态文明思想的核心主线，成为贯彻习近平生态文明思想的物质载体和实践抓手，显示出了强大的实践生命力和重要的学术理论价值。其最早可追溯到 2010 年 12 月的《全国主体功能区划》（国务院，2015）。2012 年 11 月，党的十八大报告提出“增强生态产品生产能力”，将生态产品生产能力看作是提高生产力的重要组成部分。党的十八大报告中，生态文明建设被提到前所未有的战略高度(习近平，2017)；再到 2016 年 8 月的《国家生态文明试验区（福建）实施方案》首次提出生态产品价值实现的理念，一直到 2020 年 4 月《全国重要生态系统保护和修复重大工程总体规划(2021—2035 年)》明确将提高生态产品生产能力作为生态修复的目标（图 5-5）。

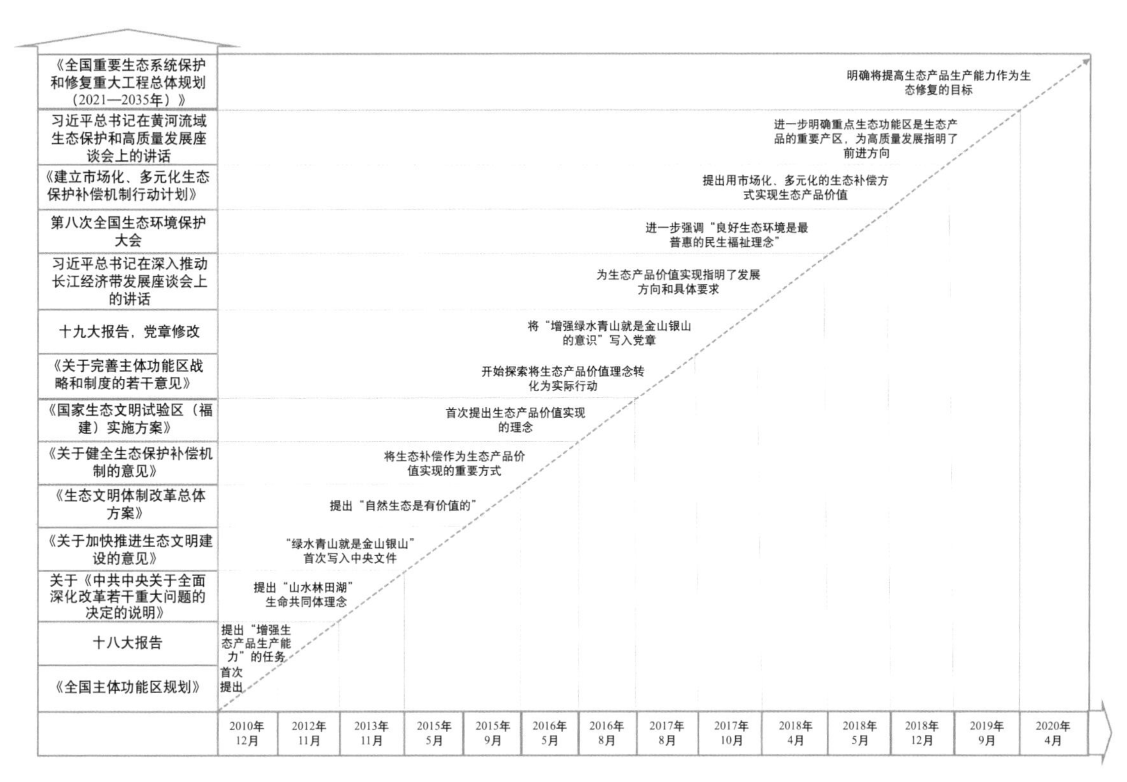

图 5-5　生态产品价值实现发展过程（引自生态产品价值实现理论与实践微信公众号）

二、生态产品价值实现的重大意义

生态产品价值实现的实质就是生态产品的使用价值转化为交换价值的过程。2021年4月，中共中央办公厅、国务院办公厅印发《关于建立健全生态产品价值实现机制的意见》，指出建立健全生态产品价值实现机制，是贯彻落实习近平生态文明思想的重要举措，是践行绿水青山就是金山银山理念的关键路径，是从源头上推动生态环境领域国家治理体系和治理能力现代化的必然要求，对推动经济社会发展全面绿色转型具有重要意义。为加快推动建立健全生态产品价值实现机制，走出一条生态优先、绿色发展的新路子。生态产品价值实现是一项生态文明建设领域重大的创新性战略措施，是一个涉及经济、社会、政治等相关领域的系统性工程，具有重大的战略作用和现实意义。

一是表明我国生态文明建设理念的重大变革。生态产品价值实现是我国在生态文明建设理念上的重大变革，环境就是民生（中共中央文献研究室，2016），生态环境被看作是一种能满足人类美好生活需要的优质产品，这样良好生态环境就由古典经济学家眼中单纯的生产原料、劳动的对象转变成为提升人民群众获得感的增长点、经济社会持续健康发展的支撑点、展现我国良好形象的发力点（《党的十九大报告辅导读本》编写组，2017）。生态环境同时具有了生产原料和劳动产品的双重属性，是影响生产关系的重要生产力要素，丰富拓展了马克思生产力与生产关系理论。

二是为"两山"理论提供实践抓手和物质载体。"绿水青山就是金山银山"理论是习近平生态文明思想的重要组成部分，生态产品及其价值实现理念是“两山”理论的核心基石，为“两山”理论提供了实实在在的实践抓手和价值载体。金山银山是人类社会经济生产系统形成的财富的形象比喻，可以用 GDP 反映金山银山的多少；而生态产品是自然生态系统的产品，是自然生态系统为人类提供丰富多样福祉的统称（张林波等，2019）。习近平说过将生态环境优势转化为生态农业、生态旅游等生态经济优势，那么绿水青山就变成了金山银山（习近平，2007）。因此，生态产品所具有的价值就是绿水青山的价值，生态产品就是绿水青山在市场中的产品形式。

三是我国强化经济手段保护生态环境的实践创举。产品具备在市场中流通、交易与消费的基础（张林波等，2019）。生态环境转化为生态产品，价值规律可以在其生产、流通与消费过程发挥作用，运用经济杠杆可以实现环境治理和生态保护的资源高效配置。将生态产品转化为可以经营开发的经济产品，用搞活经济的方式充分调动起社会各方的积极性，利用市场机制充分配置生态资源，充分利用我国改革开放后在经济建设方面取得的经验、人才、政策等基础，以发展经济的方式解决生态环境的外部不经济性问题（张林波等，2019）。因此，可以说生态产品价值实现是我国政府提出的一项创新性的战略措施和任务，是一项涉及经济、社会、政治等相关领域的系统性工程。

四是将生态产品培育成为我国绿色发展新动能。我国生态产品极为短缺，生态环境是我国建设美丽中国的最大短板（中共中央文献研究室，2016）。研究结果表明，近 20 年来我国生态资源资产平稳波动的趋势没有与社会经济同步增长（张林波等，2019）；而同时期，经济发达、幸福指数高的国家基本表现为“双增长、双富裕”（TEEB，2009）。生态差距成为我国与发达国家最大的差距，通过提高生态产品生产供给能力可以为我国经济发展提供强大生态引擎。

三、生态产品价值实现的关键机制

生态产品价值实现的主要步骤可以概括为“算出来、转出去、管起来”，核心是要解决三个基本问题，即生态产品的价值到底有多大？怎样转化？如何保障？这就分别涉及生态产品价值核算、转化路径和政策创新。其中，价值核算是基础，转化路径是关键，政策创新是保障，相应的关键机制包括生态产品价值实现的核算机制、转化机制和保障机制（陈光炬，2020）。

（1）核算机制。价值核算是生态产品价值实现的前提和基础，由于生态产品具有多种功能和多元价值，如何科学设计核算机制就成为必须突破的难点，其中的关键又在于科学设计核算流程和合理选择核算方法，以确保核算结果的真实、有效、合理、可信。根据联合国“千年生态系统评估”（MA）的共同框架，借鉴综合环境经济核算体系（SEEA）原理和方法，基于生态系统年度实际产出（GEP）实物量和功能量，确立典型生态系统的核算技术规范，

通过界定核算区域范围、识别生态系统类型、编制生态产品目录、构建核算指标体系，借助能值分析法归一化估算出价值当量，综合运用直接市场法、替代市场法、虚拟市场法，分别核算出物质产品、调节服务、文化服务的物质量和价值量，加总得到年度生态产品的价值总值。根据上述核算流程和方法，参考 GDP 核算机制设计出生态产品价值核算机制。

（2）转化机制。根据生态产品价值实现的内在逻辑，按照“生态资源→生态资产→生态资本→生态产品”的物质形态变换进程，综合运用产权、金融、技术、消费等的管理工具，分别提炼物质产品、调节服务和文化服务的价值转化途径与渠道，因地制宜发展生态旅游、生态农业、生态制造业、生态服务业和生态高新技术产业，全面提高生态产品的生产水平和供给能力。在此基础上，充分考虑生态产品价值演变与传递过程，遵循存在价值、使用价值、要素价值、交换价值之间梯度递减呈现的一般规律，系统构建提高生态认知、加大生态投入、激励生态生产、引导绿色消费、培育生态市场的运行机制，通过“产业生态化、生态产业化”促进生态价值与经济价值的持续稳定协同增长，全面构建 GEP 与 GDP 双转化、双增长、可循环、可持续的生态产品价值转化机制。

（3）保障机制。生态产品价值实现是一项复杂的系统工程，涉及环境、资源、产业、市场等多个领域，必须根据不同生态系统的生态区位、环境质量和资源禀赋，结合区域经济社会发展阶段和水平，围绕生态产品价值实现的重点领域和关键环节设计相应的保障机制，本文在总结国家生态产品价值实现机制试点经验的基础上，根据生态管理 (Eco-Management) 的一般原理和方法，提出生态产品价值实现的保障机制框架，主要包括生态环境保护机制、生态资源开发机制、绿色产业发展机制和生态市场监管机制。

四、生态产品价值实现的模式路径

生态产品价值实现是我国政府提出的一项创新性的战略措施和任务，是一项涉及经济、社会、政治等相关领域的系统性工程，在世界范围内还没有在任何一个国家形成成熟的可推广的经验和模式。尽管如此，在与生态产品价值实现相关方面，国内外开展了生动实践，形成了一批典型案例，积累了丰富经验，给我国生态产品价值实现诸多启示。生态产品价值实现的实质就是生态产品的使用价值转化为交换价值的过程。虽然生态产品基础理论尚未成体系，但国内外已经在生态产品价值实现方面开展了丰富多彩的实践活动，形成了一些有特色、可借鉴的实践和模式。张林波等 (2020) 在大量国内外生态文明建设实践调研的基础上，从近百个生态产品价值实现实践案例，从生态产品使用价值的交换主体、交换载体、交换机制等角度，归纳形成 8 大类和 22 小类生态产品价值实现的实践模式或路径，包括生态保护补偿、生态权益交易、资源产权流转、资源配额交易、生态载体溢价、生态产业开发、区域协同开发和生态资本收益等（图 5-6）。

生态保护补偿指政府或相关组织机构从社会公共利益出发向生产供给公共性生态产品

的区域或生态资源产权人支付的生态保护劳动价值或限制发展机会成本的行为，可以分为以上级政府财政转移支付为主要方式的纵向生态补偿、流域上下游跨区域的横向生态补偿、中央财政资金支持的各类生态建设工程、对农牧民生态保护进行的个人补贴补助四种方式；生态权益交易是指生产消费关系较为明确的生态系统服务权益、污染排放权益和资源开发权益的产权人和受益人之间直接通过一定程度的市场化机制实现生态产品价值的模式，可以分为正向权益的生态服务付费、减负权益的污染排放权益和资源开发权益三类。资源配额交易是指为了满足政府制定的生态资源数量的管控要求而产生的资源配额指标交易，可以分为总量配额交易和开发配额交易二类；生态载体溢价是指将无法直接进行交易的生态产品的价值附加在工业、农业或服务业产品上通过市场溢价销售实现价值的模式，分为直接载体溢价和间接载体溢价两种模式；生态产业开发是经营性生态产品通过市场机制实现交换价值的模式，可以根据经营性生态产品的类别分为物质原料开发和精神文化产品两类；区域协同发展是指公共性生态产品的受益区域与供给区域之间通过经济、社会或科技等方面合作实现生态产品价值的模式，可以分为在生态产品受益区域合作开发的异地协同开发和在生态产品供给地区合作开发的本地协同开发两种模式；生态资本收益模式分为绿色金融扶持、资源产权融资和补偿收益融资三类。

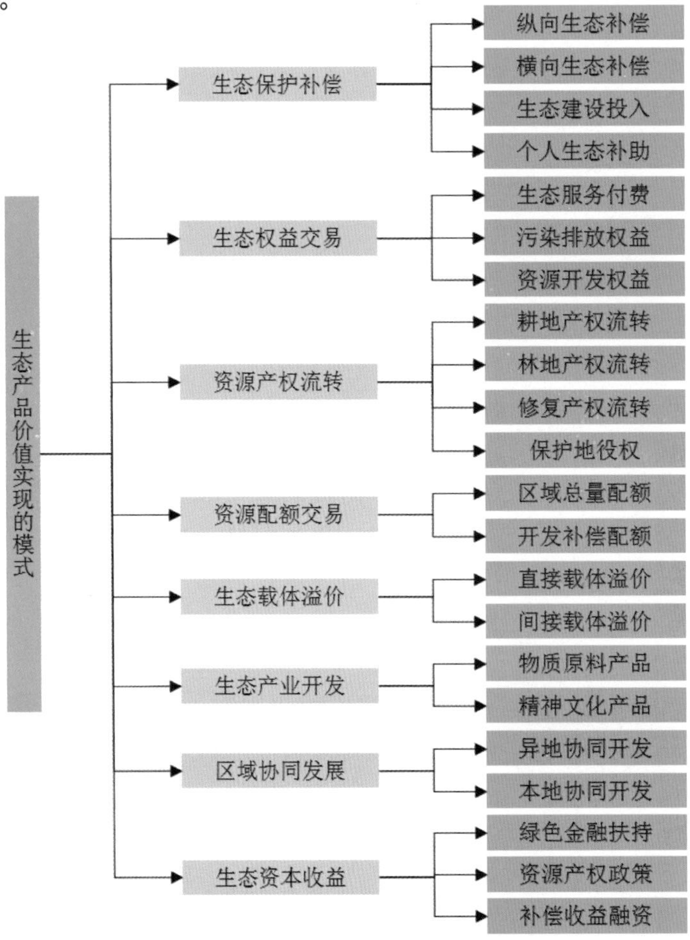

图 5-6　生态产品价值实现的模式路径

五、森林生态产品价值化实现路径

森林生态系统所提供的生态产品也较大，但目前针对森林生态产品价值实现的研究还较少。王兵等（2020）针对中国森林生态产品价值化实现路径也进行了设计，如图 5-7 所示。将森林生态系统的四大服务（支持服务、调节服务、供给服务、文化服务）对应保育土壤、林木养分固持、涵养水源等 9 大功能类别，不同功能类别对应生态效益量化补偿、自然资源负债表等 10 大价值实现路径，不同功能对应不同价值实现路径有较强、中等和较弱 3 个级别。森林生态产品价值化实现路径可分为就地实现和迁地实现。就地实现为在生态系统服务产生区域内完成价值化实现，例如，固碳释氧、净化大气环境等生态功能价值化实现；迁地实现为在生态系统服务产生区域之外完成价值化实现，例如，大江大河上游森林生态系统涵养水源功能的价值化实现需要在中、下游予以体现。

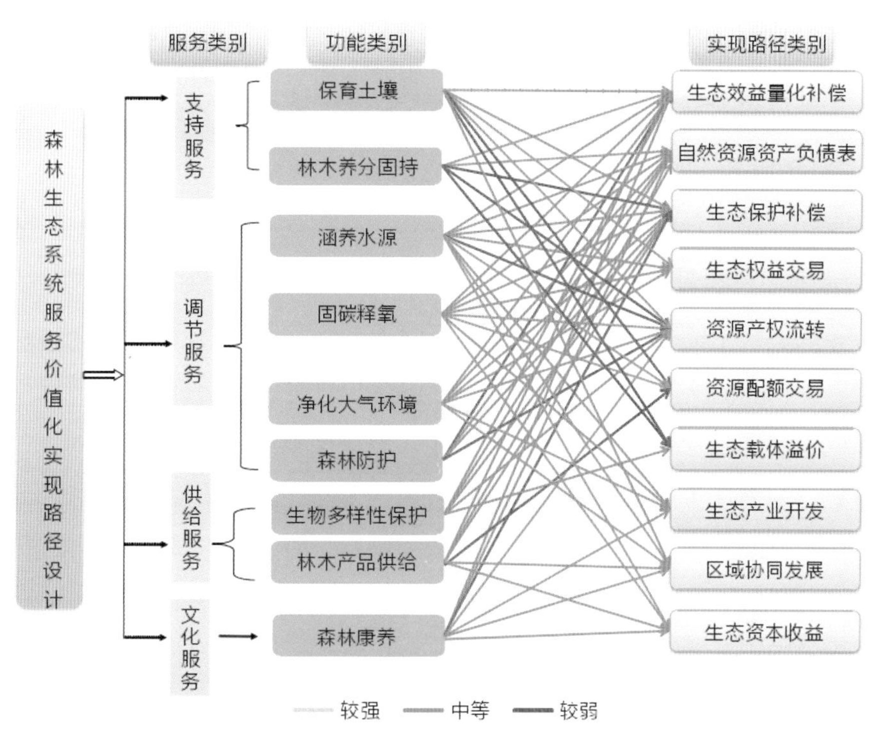

图 5-7 森林生态产品价值实现路径设计（王兵等，2020）

六、昆明市海口林场森林生态产品价值实现途径

为实现多样化的生态产品价值，需要建立多样化的生态产品价值实现途径。加快促进生态产品价值实现，需遵循“界定产权、科学计价、更好地实现与增加生态价值”的思路，有针对性地采取措施，更多运用经济手段最大程度地实现生态产品价值，促进环境保护与生态改善。本研究从生态文明建设角度出发，从昆明市海口林场实际情况，主要从生态保护补偿、生态权益交易、生态产业开发、区域协同发展和生态资本收益 5 个生态产品价值实现的模式路径阐述实现昆明市海口林场森林生态产品价值（图 5-8）。

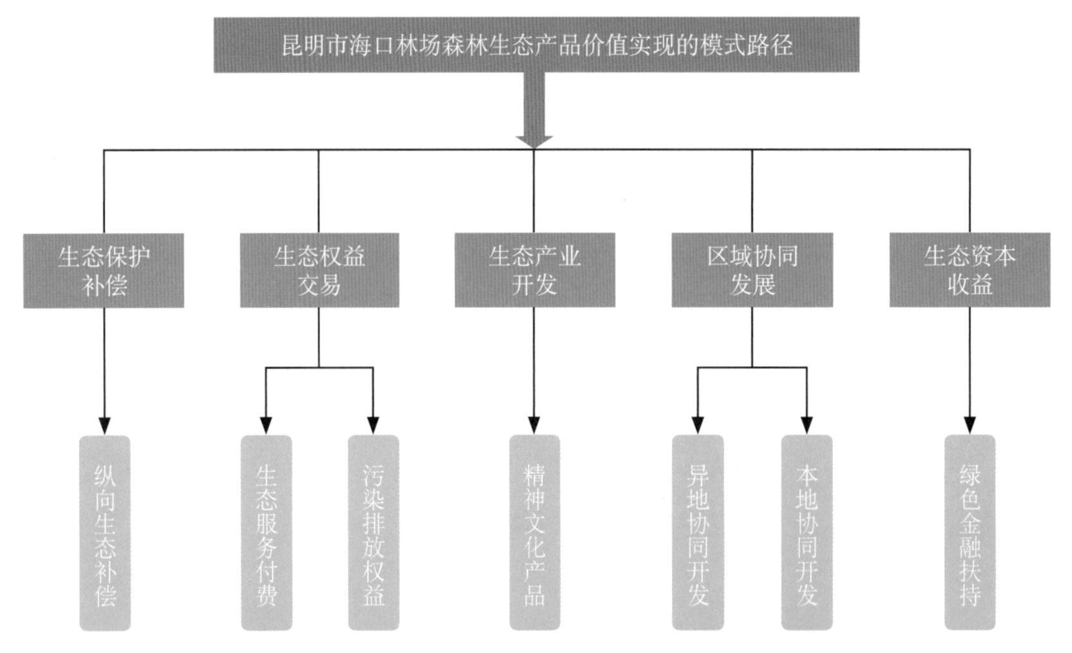

图 5-8 昆明市海口林场生态产品价值实现的模式路径

1. 生态保护补偿实现途径

森林生态效益科学量化补偿是基于人类发展指数的多功能定量化补偿，结合了森林生态系统服务和人类福祉的其他相关关系，并符合不同行政单元财政支付能力的一种给予森林生态系统服务提供者的奖励。探索开展生态产品价值计量，推动横向生态补偿逐步由单一生态要素向多生态要素转变，丰富生态补偿方式，加快探索“绿水青山就是金山银山”的多种现实转化路径。公共性生态产品生产者的权利通过实现公共性生态产品的价值而实现，能够保障与社会所需要的公共性生态产品的供给量。该路径应由政府主导，以市场为主体，多元参与，充分发挥财政与金融资本的协同效应。2016 年，国务院办公厅印发《关于健全生态保护补偿机制的意见》，指出实施生态保护补偿是调动各方积极性、保护好生态环境的重要手段，是生态文明制度建设的重要内容，强调要牢固树立创新、协调、绿色、开放、共享的发展理念，不断完善转移支付制度，探索建立多元化生态保护补偿机制，逐步扩大补偿范围，合理提高补偿标准，有效调动全社会参与生态环境保护的积极性，促进生态文明建设迈上新台阶。2018 年 12 月，国家多部门联合发布《建立市场化、多元化生态保护补偿机制行动计划》，这都为生态补偿方式实现生态产品价值提供了参考。内蒙古大兴安岭林区森林生态系统服务功能评估利用人类发展指数，从森林生态效益多功能定量化补偿方面进行了研究，计算得出森林生态效益定量化补偿系数、财政相对能力补偿指数、补偿总量及补偿额度，得出森林生态效益多功能生态效益补偿额度为 232.80 元 /（公顷· 年），为政策性补偿额度（平均每年每公顷 75 元）的 3 倍（王兵等，2020）。

上述典型案例均为昆明市海口林场森林生态产品的保护补偿提供了借鉴，昆明市海口

林场 2018 年森林生态产品产生的总价值量为 55810.68 万元，如此普惠的生态产品，政府对其进行生态补偿，额度为 169.67 万元 / 年，这仅相当于 2018 年昆明市财政收入的 0.003%，这部分属于纵向生态补偿，补偿资金可由中央、省级和地方三级财政承担，《全国重要生态系统保护和修复重大工程总体规划（2021—2035 年）》也指出按照中央和地方财政事权和支出责任划分，将全国重要生态系统保护和修复重大工程作为各级财政的重点支持领域，进一步明确支出责任，切实加大资金投入力度。可见，生态补偿具有较强的可行性。

2. 生态权益交易实现途径

生态权益交易是公共性生态产品在满足特定条件成为生态商品后直接通过市场化机制方式实现价值的唯一模式，主要包括碳排放权、取水权、排污权、用能权等产权交易体系（黎元生，2018）。在某种意义上，生态权属交易可以被视为一种“市场创造”，而且是一种大尺度的“市场创造”，对于全球生态系统动态平衡的维持，能起到很多政府干预或控制所不能起到的作用（张林波等，2019）。关于生态服务付费在国内外的相关案例较多，如法国毕雷矿泉水公司为保持水质向上游水源涵养区农牧民支付生态保护费用。在污染排放权益方面，在美国进行了水污染排污权的交易，重庆市、福建省南平市还搭建了相关生态产品的交易平台。

生态服务付费的价值实现途径以森林绿色水库功能为例，昆明市海口林场 2018 年森林涵养水源量达 0.17 亿立方米 / 年，是滇池等重要水系的流经区域，昆明市海口林场森林生态系统发挥着重要的涵养水源和净化水质的作用；这些流域下游地区应昆明市海口林场森林生态系统发挥的净化水质功能而用到清洁的水而付费，因为这些流域水系水质若受到污染，将直接影响下游用水安全。正是昆明市海口林场森林生态系统净化水质的功能，保证了下游用水的安全；下游地区应为相关流域流经区域森林支付净化水质费用。按照《中华人民共和国环境污染税法》，结合水污染当量值为每立方米 0.68 元，按此计算昆明市海口林场 0.17 亿立方米的净化水质总量，可得到 1156.00 万元的收益。污染排放交易体现在森林生态系统的固碳功能、净化大气环境等功能方面；昆明市海口林场森林年固碳量为 1.14 万吨，若进行碳排放权交易，按照 2021 年中国碳交易配额市场价格 52.78 元 / 吨，可实现 59.92 万元的价值收益；在水权交易方面，根据中国水权交易所 2019 年交易案例的平均交易价格为 0.60 元 / 立方米，按此计算可实现 1049.50 万元收益；排污权交易：以森林生态系统吸收污染物为例，昆明市海口林场 2018 年森林生态系统年吸收气体污染物总量为 96.20 万千克，按照《中华人民共和国环境保护税法》的征收额，云南省的大气污染征收标准是每个当量 1.2 元，按此计算将排污权交易给有关工厂，理想的收益将会达到 127.96 万元。

3. 生态产业开发实现途径

生态产业开发是生态资源作为生产要素投入经济生产活动的生态产业化过程，是市场化程度最高的生态产品价值实现方式。生态产业开发的关键是如何认识和发现生态资源的独特经济价值，如何开发经营品牌提高产品的“生态”溢价率和附加值。生态产业开发模式可以根据经营性生态产品的类别相应地分为物质原料开发和精神文化产品两类。

生态资源同其他资源一样是经济发展的重要基础，充分依托优势生态资源，将其转为经济发展的动力是国内外生态产品价值实现的重要途径。瑞士通过大力发展生态经济，把过去制约经济发展的山地变成经济腾飞的资源，探寻出一条山地生态与乡村旅游可持续发展之路；旅游注重将本土文化、历史遗迹与自然景观有机结合，打造特色旅游文化品牌，吸引不同文化层次的游客，旅游业收入约占GDP的6.2%。再如黑河五大连池通过发挥森林资源优势，通过旅游增加旅游设施，规划不同旅游景观，增加游客流量，实现了价值的翻倍增长，甚至吸引了大量外国游客。贵州省充分发挥气候凉爽和环境质量优良的优势，2017年贵州省旅游业增加值占GDP比重升至11%，且连续7年GDP增速排名全国前三位。

上述成功案例为昆明市海口林场生态产业开发实现途径提供了可借鉴的方式。昆明市海口林场2018年森林康养价值为6004.59万元，占昆明市2018年旅游总收入（288.29亿元）的0.21%（昆明市统计局，2019）。结合昆明市海口林场森林资源的发展与保护现状，政府应积极鼓励多种资源的整合和开发利用，以实现生态产品的价值转化。因此，应积极鼓励多种森林旅游资源的整合和开发利用，与主管旅游行业部门进行协商，提出建设规划，以实现旅游产品的价值转化。实现途径如下：建设旅游观光园，大力发展林下经济，进行森林药材种植、森林食品种植。也可以利用森林种质资源库和自身资源，建设多种形式的森林生态体验示范场所，大力开展森林生态体验活动，充分发挥森林生态综合效能。建立科普宣教馆、种质资源展览馆、情景式体验馆、绿色食品体验馆、禅茶文化体验基地、特色树种体验、人文历史体验、空气负离子呼吸等旅游项目作为森林生态产业开发的主要方向。

4. 区域协同发展实现途径

区域协同发展是有效实现重点生态功能区主体功能定位的重要模式，是发挥中国特色社会主义制度优势的发力点。区域协同发展可以分为在生态产品受益区域合作开发的异地协同开发和在生态产品供给地区合作开发的本地协同开发两种模式。

浙江金华—磐安共建产业园、四川成都—阿坝协作共建工业园均是在水资源生态产品的下游受益区建立共享产业园，这种异地协同发展模式不仅保障了上游水资源生态产品的持续供给，同时为上游地区提供了资金和财政收入，有效地减少了上游地区土地开发强度和人口规模，实现了上游重点生态功能区定位。金华市生态环境局义乌分局与浦江分局签定了《义乌—浦江生态环境保护战略合作备忘录》，进一步夯实了“义浦同城”一体化的生态环境保护基础，迈出了深化协调联动、创新一体发展的新步子。

昆明市海口林场要实现本地协同开发生态产品，需引进本地企业公司和本地资本，让本地的优秀企业参与到昆明市海口林场森林生态旅游产品的开发和运作中，以其先进的管理模式进行生态产品价值转化和管理。异地协同开发生态产品，引进外地企业、资本、创新的

管理模式和成熟的技术，将外地企业先进的技术和管理模式引入昆明市海口林场森林生态产品开发中。对昆明市海口林场的现有森林进行林相和树种结构调整，增加旅游设施和基础建设投入，并对员工进行技能培训，提高从业人员的业务素养。根据昆明市海口林场自身特点（位置、旅游资源提升空间），并参考昆明市森林旅游业发展模式和《云南省国土空间总体规划》，尤其是旅游资源管理与开发经验，大力发展自身森林旅游业，通过增加森林旅游资源数量、提升森林旅游资源质量，在昆明都市圈和滇中城市群，吸引更多来自于西南地区乃至全国的游客。目前，昆明市海口林场尚有宜林地 162.30 公顷和未成林地 106.30 公顷，可以通过造林的方式增加旅游资源，届时森林康养价值还会进一步增加。

云南地处云贵高原，地理气候立体、光热条件充足，核桃、野生菌、中药材等各种林副产品和山林特产种类丰富。而昆明市海口林场所在地昆明，是享誉海内外的“春城”，林产业产值年均增长 16%，是全省最大的林产品集散地和消费市场。与昆明市的林副产品优势相结合，大力发展林下经济及相关产业，是昆明市海口林场可持续发展的必然选择。昆明市海口林场应紧密围绕全省林业生态建设战略目标，紧密引进外资和中大型企业，建议昆明市海口林场根据自然地理条件、林分特征和林地构成，充分发挥特色农产品、林产品区域优势，制订林下经济发展专项规划，分区域确定重点发展产业和目标；根据当地自然条件和市场需求等情况，把林下经济发展与天然林保护、退耕还林、石漠化治理、野生动植物保护等生态建设工程及生态旅游发展紧密结合，突出重点、明确特色，确定林下经济发展的方向和模式。

与此同时，充分发挥滇中高原国家级森林生态定位站作用，联合高等院校和研究院所，依托科技优势，协同对森林生态系统生态功能的影响进行评估，用详实的数据量化昆明市海口林场森林生态产品价值。结合森林康养、观光农业等新型产业，创新森林产品的销售渠道，持续提升森林价值，真正将“绿水青山变成金山银山”，不断满足人民群众日益增长的生态康养需求。

5. 生态资本收益实现途径

生态资本收益模式中的绿色金融扶持是利用绿色信贷、绿色债券、绿色保险等金融手段鼓励生态产品生产供给。生态保护补偿、生态权属交易、经营开发利用、生态资本收益等生态产品价值实现路径都离不开金融业的资金支持，即离不开绿色金融，可以说绿色金融是所有生态产品生产供给及其价值实现的支持手段（张林波等，2019）。但绿色金融发展，需要加强法制建设以及政府主导干预，才能充分发挥绿色金融政策在生态产品生产供给及其价值实现中的信号和投资引导作用。

我国国家储备林建设以及福建、浙江、内蒙古等地的一些做法为解决绿色金融扶持促进生态产品的制约难点提供了一些借鉴和经验。国家林业和草原局开展的国家储备林建设通过精确测算储备林建设未来可能获取的经济收益，解决了多元融资还款的来源。福建三明创新推出“福林贷”金融产品，通过组织成立林业专业合作社以林权内部流转解决了贷款抵押难题。福建顺昌依托县国有林场成立“顺昌县林木收储中心”为林农林权抵押贷款提供兜底担保。浙江丽水“林权IC卡”采用“信用+林权抵押”的模式实现了以林权为抵押物的突破。2016年，七部委又出台了《关于构建绿色金融体系的指导意见》等，为绿色金融的发展提供了良好的政策基础。

对昆明市海口林场森林引入社会资本和专业运营商具体管理，打通资源变资产，资产变资本的通道，提高资源价值和生态产品的供给能力，促进生态产品价值向经济发展优势的转化。实现昆明市海口林场森林生态产品价值可通过如下方式：

一是政府主导，设计和建立“森林生态银行”运行机制，由昆明市林业和草原局控股、各区（市）林业和草原局参股，成立林业资源运营有限公司，注册一定资本金（如300万元），作为“森林生态银行”的市场化运营主体。公司下设数据信息管理、资产评估收储等“两中心”和林木经营、托管、金融服务等“三公司”，前者提供数据和技术支撑，后者负责对资源进行收储、托管、经营和提升；同时整合全市森林资源、调查设计队和基层护林队伍等力量，有序开展资源管护、资源评估、改造提升、项目设计、经营开发、林权变更等工作。根据林地分布、森林质量、保护等级、林地权属等因素进行调查摸底，并进行确权登记，明确产权主体、划清产权界线，形成全县林地“一张网、一张图、一个库”数据库管理。通过核心编码对森林资源进行全生命周期的动态监管，实时掌握林木质量、数量及管理情况，实现林业资源数据的集中管理与服务。本研究通过评估和价值核算，编制其森林资源资产负债表，确定2018年森林资源底数（生态资产58810.68万元，资源资产44410.00万元），赋予产品价值属性。

二是推进森林资源流转，实现资源资产化。在平等自愿和不改变林地所有权的前提下，将碎片化的森林资源经营权和使用权集中流转至“森林生态银行”，由后者通过科学抚育、集约经营、发展林下经济等措施，实施集中储备和规模整治，转换成权属清晰、集中连片的优质“资产包”。为保障昆明市海口林场利益和个性化需求，“森林生态银行”共推出入股、托管、租赁、赎买4种流转方式。同时，“森林生态银行”可与昆明市某担保公司共同成立林业融资担保公司，为有融资需求的林业企业、集体提供林权抵押担保服务，担保后的贷款利率要低于一般项目的利率，通过市场化融资和专业化运营，解决森林资源流转和收储过程中的资金需求。

随着我国对生态产品的认识理解不断深入，对生态产品的措施要求更加深入具体，逐步由一个概念理念转化为可实施操作的行动，由最初国土空间优化的一个要素逐渐演变成为生态文明的核心理论基石。伟大的理论需要丰富鲜活的实践支撑，生态产品及其价值实现理念为习近平生态文明思想提供了物质载体和实践抓手，各个部门、各级政府在实际工作中应将生态产品价值实现作为工作目标、发力点和关键绩效，通过生态产品价值实现将习近平生态文明思想从战略部署转化为具体行动。

参考文献

财政部，生态环境部，水利部，等，2020. 支持引导黄河全流域建立横向生态补偿机制试点实施方案 [Z].

陈光炬，2020. 生态产品价值实现的实践路径 [N]. 丽水日报 . http://paper.lsnews.com.cn/

陈清，2018. 加快探索生态产品价值实现路径 [N]. 光明日报，11 月 2 日 .

《党的十九大报告辅导读本》编写组，2017. 党的十九大报告辅导读本 [M]. 北京 : 人民出版社 .

第十八届中央委员会，2017. 决胜全面建成小康社会夺取新时代中国特色社会主义伟大胜利 [R].

董秀凯，管清成，徐丽娜，等，2017. 吉林省白石山林业局森林生态系统服务功能研究 [M]. 北京 : 中国林业出版社 .

国家发展改革委，财政部，自然资源部，等，2018. 建立市场化、多元化生态保护补偿机制行动计划 [Z].

国家林业和草原局，2020. 森林生态系统服务功能评估规范 (GB/T 38582—2020)[S]. 北京 : 中国标准出版社 .

国家林业和草原局，2019. 2017 退耕还林工程综合效益监测国家报告 [M]. 北京 : 中国林业出版社 .

国家林业局，2005. 森林生态系统定位研究站建设技术要求 (LY/T 1626—2005)[S]. 北京：中国标准出版社 .

国家林业局，2007. 暖温带森林生态系统定位观测指标体系 (LY/T 1689—2007) [S]. 北京：中国标准出版社 .

国家林业局，2010a. 森林生态系统定位研究站数据管理规范 (LY/T 1872—2010)[S]. 北京：中国标准出版社 .

国家林业局，2010b. 森林生态站数字化建设技术规范 (LY/T 1873—2010)[S]. 北京：中国标准出版社 .

国家林业局，2016. 森林生态系统长期定位观测方法 (GB/T 33027—2016)[S]. 北京 : 中国标准出版社 .

国家林业局，2017. 森林生态系统定位观测指标体系 (GB/T 35377—2017)[S]. 北京 : 中国标准出版社 .

国家林业局，2018. 中国森林资源及其生态功能四十年监测与评估 [M]. 北京 : 中国林业出版社 .

国务院，2015. 全国主体功能区规划 [M]. 北京 : 人民出版社 :
国务院办公厅，2016. 关于健全生态保护补偿机制的意见 [Z].
季静，王罡，杜希龙，等，2013. 京津冀地区植物对灰霾空气中 $PM_{2.5}$ 等细颗粒物吸附能力分析 [J]. 中国科学 : 生命科学，43(8):694-699.
昆明市统计局，2019. 2018 年昆明市国民经济和社会发展统计公报 [R].
昆明市统计局，2019. 昆明统计年鉴 2019[M]. 北京 : 中国统计出版社 .
昆明市西山区统计局，2019. 2018 年昆明市西山区国民经济和社会发展统计公报 [R].
凌笋，2019. 西安市自然资源资产负债表编制及其运用 [D]. 陕西：西安理工大学 .
牛香，薛恩东，王兵，等，2017. 森林治污减霾功能研究——以北京市和陕西关中地区为例 [M]. 北京 : 科学出版社 .
牛香，2012. 森林生态效益分布式测算及其定量化补偿研究——以广东和辽宁省为例 [D]. 北京 : 北京林业大学 .
宋庆丰，牛香，王兵，2015. 黑龙江省森林资源生态产品产能 [J]. 生态学杂志，34(6) :1480-1486.
孙安然，2020. 赋值绿水青山实现价值转换 . 中国自然资源报社微信公众号“i 自然全媒体”.
孙建博，周霄羽，王兵，等，2020. 山东省淄博市原山林场森林生态系统服务功能及价值研究 [M]. 北京 : 中国林业出版社 .
王兵，2015. 森林生态连清技术体系构建与应用 [J]. 北京林业大学学报，37(1):1-8.
王兵，陈佰山，闫红光，等，2019. 内蒙古大兴安岭重点国有林管理局森林与湿地生态系统服务功能研究与价值评估 [M]. 北京 : 中国林业出版社 .
王兵，牛香，宋庆丰，2020. 中国森林生态系统服务评估及其价值化实现路径设计 [J]. 环境保护，48(14):28-36.
王兵，王晓燕，牛香，等，2015. 北京市常见落叶树种叶片滞纳空气颗粒物功能 [J]. 环境科学，36(6): 2005-2009.
王兵，2016. 生态连清理论在森林生态系统服务功能评估中的实践 [J]. 中国水土保持科学，14(1): 1-10.
王金南，刘桂环，2021. 完善生态产品保护补偿机制，促进生态产品价值实现 [N]. 中国网，生态中国 . http://stzg.china.com.cn/.
王金南，2020. 实现生态产品价值是时代重任 [N]. 浙江日报 . https://theory.gmw.cn.
王骁骁，2016. 湖南省国有林场森林资源资产负债表研制 [D]. 长沙：中南林业科技大学 .
吴楚材，吴章文，罗江滨，2006. 植物精气 [M]. 北京 : 中国林业出版社 .
习近平，2017. 习近平谈治国理政 : 第 2 卷 [M]. 北京 : 外文出版社 .
习近平，2017. 之江新语 [M]. 杭州 : 浙江出版联合集团、浙江人民出版社 .
夏尚光，牛香，苏守香，等，2015. 安徽省森林生态连清与生态系统服务研究 [M]. 北京 : 中

国林业出版社 .
徐昭晖，2004. 安徽省主要森林旅游区空气负离子资源研究 [D]. 合肥 : 安徽农业大学 .
虞慧怡，张林波，李岱青，等，2020. 生态产品价值实现的国内外实践经验与启示 [J]. 环境科学研究，33(3):685-690.
张林波，虞慧怡，李岱青，等，2019. 生态产品内涵与其价值实现途径 [J]. 农业机械学报，50(6):173-183.
中共中央、国务院，2015. 关于加快推进生态文明建设的意见 [Z].
中共中央文献研究室，2016. 习近平总书记重要讲话文章选编 [M]. 北京 : 中央文献出版社、党建读物出版社 .
中国共产党第十八届中央委员会第三次全体会议，2013. 中共中央关于全面深化改革若干重大问题的决定 [R]. 北京 .
中国国家标准化管理委员会，2008. 综合能耗计算通则（GB 2589—2008）[S]. 北京：中国标准出版社 .
中国森林资源核算研究项目组，2015. 生态文明构建中的中国森林资源核算研究 [M]. 北京 : 中国林业出版社 .
中华人民共和国环境保护部，2008. 全国生态脆弱区保护规划纲要 [R].
中央全面深化改革委员会第十三次会议，2020. 全国重要生态系统保护和修复重大工程总体规划（2021—2035 年）[R].
自然资源部，2020. 全国重要生态系统保护和修复重大工程总体规划（2021—2035 年）[R].
自然资源部办公厅，2020. 关于生态产品价值实现典型案例的通知（第一批）[Z].
Beckett K P, Freer-Smith P H, Taylor G, 1998. Urban woodlands: their role in reducing the effects of particulate pollution[J].. Environmental Pollution, 99(3) : 347-360.
Beckett K.P, Freer P H., Taylor G, 2000. Effective tree species for local air quality management[J]. Journal of Arboriculture, 26 (1), 12-19.
Defra (Department for Environment, Food and Rural Affairs), 2005. Making Space for Water. Department for Environment, Food and Rural Affairs, London.
Fang J Y, Chen A P, Peng C H, et al., 2001. Changes in forest biomass carbon storage in China between 1949 and 1998[J].. Science, 292: 2320-2322.
Freer-Smith P.H, El-Khatib A.A., Taylor G., 2004. Capture of particulate pollution by trees: a comparison of species typical of semi-arid areas (Ficusnitida and Eucalyptus globulus) with European and North American species[J]. Water, Air, and Soil Pollution 155, 173-187.
Gower S T, Mc Murtrie R E, Murty D, 1996. Aboveground net primary production decline with stand age: potential causes[J]. Trends in Ecology and Evolution, 11(9) ; 378-382.

IPCC，2013. Contribution of working group I to the fifth assessment report of the intergovernmental panel on climate change. Climate Change 2013: the physical science basis [M]. Cambfige: Cambfige University Press.

Murty D，Mc Murtrie R E，2000. The decline of forest productivity as stands age: a model-based method for analyzing causes for the decline[J]. Ecological Modelling，134(2/3):185-205.

Niu X，Wang B，Wei W J，2013. Chinese Forest Ecosystem Research Network: A Plat Form for Observing and Studying Sustainable Forestry[J]. Journal of Food，Agriculture & Environment.11(2):1232-1238.

Nowak D J，Crane D E，Stevens J C，2006. Air pollution removal by urban trees and shrubs in the united states[J].，Urban Forestry and Urban Greening，4:115-123.

Powe，N.A.，Willis，K.G，2004. Mortality and morbidity benefits of air pollution (SO2 and PM10) absorption attributable to woodland in Britain[J]. Journal of Environmental Management，70，119–128.

Rajesh L; Abha C，Prakash C，et al.，2018.Spatial-Temporal Variability and Characterisation of Aerosols in Urban Air Quality of Ahmedabad，India，based on Field and Satellite Data[J]. Environmental Pollution and Protection，3(1): 2018，13-22.

Song C H，Woodcock C E，2003. A regional forest ecosystem carbon budget model ：impacts of forest age structure and land-use history[J]. Ecological Modelling，164(1):33-47.

Tallis M，Taylor G，Sinnett D，et al.，2011. Estimating the removal of atmospheric particulate pollution by the urban tree canopy of London，under current and future environments[J].. Landscape and Urban Planning，103:129-138.

TEEB，2009. The economics of ecosystems and biodiversity for national and international policy makers-summary: responding to the value of nature[M]. London: Earthscan Ltd.

UK National Ecosystem Assessment，2011.The UK National Ecosystem Assessment Technical Report[M]. UNEP-WCMC，Cambridge.

United Nations，2004.Manual for Environmental and Economic Accounts for forestry[Z].

United Nations，2003. Integrated environmental and economic accounting 2003 [M/OL]. http :// unstats.un.org/unsd/env Accounting/seea2003. Pdf

United Nations，1993. Integrated Environmental and Economic Accounting[Z].

United Nations，2000. Integrated Environmental and Economic Accounting: An Operational Manual[Z].

United Nations，2012. System of Environmental Economic Accounting Central Framework[Z].

Zhang W K，Wang B，Niu X，2015.Study on the adsorption capacities for airborne particulates of Landscape plants in different polluted regions in Beijing (China) [J]. International journal of environmental research and public health，12(8): 9623-9638.

附　件

中华人民共和国环境保护税法

（2016 年 12 月 25 日第十二届全国人民代表大会常务委员会第二十五次会议通过）

目录

第一章　总则

第一条　为了保护和改善环境，减少污染物排放，推进生态文明建设，制定本法。

第二条　在中华人民共和国领域和中华人民共和国管辖的其他海域，直接向环境排放应税污染物的企业事业单位和其他生产经营者为环境保护税的纳税人，应当依照本法规定缴纳环境保护税。

第三条　本法所称应税污染物，是指本法所附《环境保护税税目税额表》、《应税污染物和当量值表》规定的大气污染物、水污染物、固体废物和噪声。

第四条　有下列情形之一的，不属于直接向环境排放污染物，不缴纳相应污染物的环境保护税：

（一）企业事业单位和其他生产经营者向依法设立的污水集中处理、生活垃圾集中处理场所排放应税污染物的；

（二）企业事业单位和其他生产经营者在符合国家和地方环境保护标准的设施、场所贮存或者处置固体废物的。

第五条　依法设立的城乡污水集中处理、生活垃圾集中处理场所超过国家和地方规定的排放标准向环境排放应税污染物的，应当缴纳环境保护税。

企业事业单位和其他生产经营者贮存或者处置固体废物不符合国家和地方环境保护标准的，应当缴纳环境保护税。

第六条　环境保护税的税目、税额，依照本法所附《环境保护税税目税额表》执行。

应税大气污染物和水污染物的具体适用税额的确定和调整，由省、自治区、直辖市人民政府统筹考虑本地区环境承载能力、污染物排放现状和经济社会生态发展目标要求，在本法所附《环境保护税税目税额表》规定的税额幅度内提出，报同级人民代表大会常务委员会决定，并报全国人民代表大会常务委员会和国务院备案。

第二章 计税依据和应纳税额

第七条 应税污染物的计税依据，按照下列方法确定：

（一）应税大气污染物按照污染物排放量折合的污染当量数确定；

（二）应税水污染物按照污染物排放量折合的污染当量数确定；

（三）应税固体废物按照固体废物的排放量确定；

（四）应税噪声按照超过国家规定标准的分贝数确定。

第八条 应税大气污染物、水污染物的污染当量数，以该污染物的排放量除以该污染物的污染当量值计算。每种应税大气污染物、水污染物的具体污染当量值，依照本法所附《应税污染物和当量值表》执行。

第九条 每一排放口或者没有排放口的应税大气污染物，按照污染当量数从大到小排序，对前三项污染物征收环境保护税。

每一排放口的应税水污染物，按照本法所附《应税污染物和当量值表》，区分第一类水污染物和其他类水污染物，按照污染当量数从大到小排序，对第一类水污染物按照前五项征收环境保护税，对其他类水污染物按照前三项征收环境保护税。

省、自治区、直辖市人民政府根据本地区污染物减排的特殊需要，可以增加同一排放口征收环境保护税的应税污染物项目数，报同级人民代表大会常务委员会决定，并报全国人民代表大会常务委员会和国务院备案。

第十条 应税大气污染物、水污染物、固体废物的排放量和噪声的分贝数，按照下列方法和顺序计算：

（一）纳税人安装使用符合国家规定和监测规范的污染物自动监测设备的，按照污染物自动监测数据计算；

（二）纳税人未安装使用污染物自动监测设备的，按照监测机构出具的符合国家有关规定和监测规范的监测数据计算；

（三）因排放污染物种类多等原因不具备监测条件的，按照国务院环境保护主管部门规定的排污系数、物料衡算方法计算；

（四）不能按照本条第一项至第三项规定的方法计算的，按照省、自治区、直辖市人民政府环境保护主管部门规定的抽样测算的方法核定计算。

第十一条 环境保护税应纳税额按照下列方法计算：

（一）应税大气污染物的应纳税额为污染当量数乘以具体适用税额；

（二）应税水污染物的应纳税额为污染当量数乘以具体适用税额；

（三）应税固体废物的应纳税额为固体废物排放量乘以具体适用税额；

（四）应税噪声的应纳税额为超过国家规定标准的分贝数对应的具体适用税额。

第三章　税收减免

第十二条　下列情形，暂予免征环境保护税：

（一）农业生产（不包括规模化养殖）排放应税污染物的；

（二）机动车、铁路机车、非道路移动机械、船舶和航空器等流动污染源排放应税污染物的；

（三）依法设立的城乡污水集中处理、生活垃圾集中处理场所排放相应应税污染物，不超过国家和地方规定的排放标准的；

（四）纳税人综合利用的固体废物，符合国家和地方环境保护标准的；

（五）国务院批准免税的其他情形。

前款第五项免税规定，由国务院报全国人民代表大会常务委员会备案。

第十三条　纳税人排放应税大气污染物或者水污染物的浓度值低于国家和地方规定的污染物排放标准百分之三十的，减按百分之七十五征收环境保护税。纳税人排放应税大气污染物或者水污染物的浓度值低于国家和地方规定的污染物排放标准百分之五十的，减按百分之五十征收环境保护税。

第四章　征收管理

第十四条　环境保护税由税务机关依照《中华人民共和国税收征收管理法》和本法的有关规定征收管理。

环境保护主管部门依照本法和有关环境保护法律法规的规定负责对污染物的监测管理。

县级以上地方人民政府应当建立税务机关、环境保护主管部门和其他相关单位分工协作工作机制，加强环境保护税征收管理，保障税款及时足额入库。

第十五条　环境保护主管部门和税务机关应当建立涉税信息共享平台和工作配合机制。

环境保护主管部门应当将排污单位的排污许可、污染物排放数据、环境违法和受行政处罚情况等环境保护相关信息，定期交送税务机关。

税务机关应当将纳税人的纳税申报、税款入库、减免税额、欠缴税款以及风险疑点等环境保护税涉税信息，定期交送环境保护主管部门。

第十六条　纳税义务发生时间为纳税人排放应税污染物的当日。

第十七条　纳税人应当向应税污染物排放地的税务机关申报缴纳环境保护税。

第十八条 环境保护税按月计算，按季申报缴纳。不能按固定期限计算缴纳的，可以按次申报缴纳。

纳税人申报缴纳时，应当向税务机关报送所排放应税污染物的种类、数量，大气污染物、水污染物的浓度值，以及税务机关根据实际需要要求纳税人报送的其他纳税资料。

第十九条 纳税人按季申报缴纳的，应当自季度终了之日起十五日内，向税务机关办理纳税申报并缴纳税款。纳税人按次申报缴纳的，应当自纳税义务发生之日起十五日内，向税务机关办理纳税申报并缴纳税款。

纳税人应当依法如实办理纳税申报，对申报的真实性和完整性承担责任。

第二十条 税务机关应当将纳税人的纳税申报数据资料与环境保护主管部门交送的相关数据资料进行比对。

税务机关发现纳税人的纳税申报数据资料异常或者纳税人未按照规定期限办理纳税申报的，可以提请环境保护主管部门进行复核，环境保护主管部门应当自收到税务机关的数据资料之日起十五日内向税务机关出具复核意见。税务机关应当按照环境保护主管部门复核的数据资料调整纳税人的应纳税额。

第二十一条 依照本法第十条第四项的规定核定计算污染物排放量的，由税务机关会同环境保护主管部门核定污染物排放种类、数量和应纳税额。

第二十二条 纳税人从事海洋工程向中华人民共和国管辖海域排放应税大气污染物、水污染物或者固体废物，申报缴纳环境保护税的具体办法，由国务院税务主管部门会同国务院海洋主管部门规定。

第二十三条 纳税人和税务机关、环境保护主管部门及其工作人员违反本法规定的，依照《中华人民共和国税收征收管理法》、《中华人民共和国环境保护法》和有关法律法规的规定追究法律责任。

第二十四条 各级人民政府应当鼓励纳税人加大环境保护建设投入，对纳税人用于污染物自动监测设备的投资予以资金和政策支持。

第五章　附则

第二十五条 本法下列用语的含义：

（一）污染当量，是指根据污染物或者污染排放活动对环境的有害程度以及处理的技术经济性，衡量不同污染物对环境污染的综合性指标或者计量单位。同一介质相同污染当量的不同污染物，其污染程度基本相当。

（二）排污系数，是指在正常技术经济和管理条件下，生产单位产品所应排放的污染物量的统计平均值。

（三）物料衡算，是指根据物质质量守恒原理对生产过程中使用的原料、生产的产品和产生的废物等进行测算的一种方法。

第二十六条　直接向环境排放应税污染物的企业事业单位和其他生产经营者，除依照本法规定缴纳环境保护税外，应当对所造成的损害依法承担责任。

第二十七条　自本法施行之日起，依照本法规定征收环境保护税，不再征收排污费。

第二十八条　本法自 2018 年 1 月 1 日起施行。

云南省环境保护税核定征收管理办法

根据《中华人民共和国环境保护税法》(以下简称《环境保护税法》)及其实施条例的有关规定，现对环境保护税核定征收有关事项公告如下：

一、适用范围

本公告适用于《环境保护税法》附表二《禽畜养殖业、小型企业和第三产业水污染物污染当量值》中规定的纳税人，以及按照云南省环境保护厅规定的抽样测算的方法核定计算的环境保护税纳税人。

二、应纳税额的计算方法

环境保护税核定计算应纳税额，按照以下方法确定：

(一)禽畜养殖业水污染物的应纳税额

水污染物应纳税额 = 水污染当量数 × 单位税额

水污染当量数以禽畜的月均存栏量除以污染当量值按月计算，月均存栏量为月初、月末存栏量的平均值。

(二)医院水污染物的应纳税额

水污染物应纳税额 = 水污染当量数 × 单位税额

水污染当量数按照污水排放量除以对应的污染当量值确定，对于不能提供污水排放量的，按照病床数除以对应污染当量值确定。污水排放量包含实际用水量乘以排放系数折合的污水排放量。

(三)对于小型企业、饮食娱乐服务业应纳税额

水污染物应纳税额 = 水污染当量数 × 单位税额

能提供污水排放量的，按污水排放量除以对应的污染当量值确定水污染当量数，不能计算污水排放量的，按实际用水量乘以排放系数除以对应污染当量值确定水污染当量数。

(四)建筑施工扬尘大气污染物应纳税额

大气污染物应纳税额 = 大气污染当量数 × 单位税额

大气污染当量数 = 排放量 ÷ 污染当量值

排放量 =(扬尘产生系数 - 扬尘削减系数)× 月建筑面积或施工面积

(五)纳税人不能按照以上方法计算应纳税额的，按照云南省环境保护厅规定的抽样测算办法所对应的特征指标值系数确定。

大气(或水)污染物应纳税额 = 特征指标值 × 特征指标值系数 × 单位税额。

以上计算方法一经选定，原则上一年内不得变更。

三、申报办理事项

(一) 不能按照《环境保护税法》第十条第一项至第三项规定的方法计算应税污染物排放量的环境保护税纳税人，在首次办理环境保护税纳税申报，填报《环境保护税基础信息采集表》时应在“是否采用抽样测算法计算”一栏中填写“是”，并按照本公告中规定的计算方法填报《环境保护税纳税申报表 (B 类)》进行纳税申报。

(二) 环境保护税核定征收实行按月计算，按季申报缴纳，纳税人应当于季度终了之日起 15 日内，根据本公告规定核定计算应纳税额，并向主管税务机关申报缴纳环境保护税。不能按固定期限计算缴纳的，可以按次申报缴纳，应当自纳税义务发生之日起 15 日内，向税务机关办理纳税申报并缴纳税款。

四、后续管理

(一) 主管税务机关应当按照《环境保护税法》及其实施条例的规定，定期向环境保护主管部门传递环境保护税涉税信息。

(二) 主管税务机关发现纳税人的纳税申报数据资料异常或者纳税人未按照规定期限办理纳税申报的，可以按照《环境保护税法》及其实施条例的规定提请环境保护主管部门复核。环境保护主管部门应当按照《环境保护税法》及其实施条例的规定出具复核意见。税务机关应当按照环境保护主管部门复核的数据资料调整纳税人的应纳税额。

(三) 已实行环境保护税核定计算的纳税人，若达到《环境保护税法》第十条前三款规定计算条件的，应重新填报《环境保护税基础信息表》，并按照《环境保护税法》规定申报缴纳环境保护税，不再适用本办法。

五、申报责任及资料保存

纳税人应当依法如实办理纳税申报，对申报的真实性和完整性承担责任，并按照税收征收管理的有关规定，妥善保管污染物排放量有关的证明材料并留置备查。

各级税务、环保部门要建立长效协作机制，以确保环境保护税核定征收工作有序开展。

本公告施行时间自 2018 年 1 月 1 日至 2022 年 12 月 31 日。

特此公告。

云南省地方税务局　云南省环境保护厅

2018 年 3 月 29 日

云南滇中高原森林生态系统国家定位观测研究站简介

云南滇中高原森林生态系统国家定位观测研究站（以下简称云南滇中高原站）是由云南省林业和草原科学院作为建设单位、技术支撑单位，昆明市海口林场作为合作单位，共同合作建设的国家林业和草原局长期定位监测研究网络站点。站点地理位置介于东经102°28′~102°41′、北纬24°43′~25°01′之间。云南滇中高原站于2010年通过国家林业局专家评审，2012年立项，2014年下达建设经费，2015年开展建设，2019年一期建设完成，同年成立了以尹伟伦院士为主任、CFERN首席科学家王兵研究员为副主任的第一届学术委员会，2020年通过国家林业和草原局验收。

区域特点与站点特色：云贵高原的特殊地貌使云南森林形成具有复杂结构和功能的丰富的生物多样性资源，具有从热带、亚热带到寒温带共105个主要森林类型，是我国乃至世界森林类型和功能较完备、结构最复杂和生物多样性最富集的地区。云南森林主要分布在滇西北大江大河的源头、滇中高原和滇南地区，对维持长江中上游的金沙江、珠江上游的南盘江和北盘江、萨尔温江上游的怒江、湄公河上游的澜沧江、红河上游的元江等流域的稳定性，对云南高原广大农业区的生态环境的改善和保障农业持续的稳产高产都起着至关重要的作用。区域内分布有全国近三分之一的高等植物和动物种数，也是全球景观类型、生态系统类型和生物物种最丰富、特有物种最集中、民族文化丰富多样的地区。

滇中高原地区位于长江和珠江的上游，是金沙江流域的重要组成部分，区域内动植物种类繁多、森林类型多样、生态功能突出；区域内多样的地貌类型和复杂的地形环境，形成了从寒温带到热带的多样气候类型，蕴育了以硬叶栎林、干热河谷植被以及高山针叶林为主的极为丰富多样森林生态系统和森林植被类型。因此，本区域是长江、珠江流域生态系统最为敏感、森林生态系统多样性最集中的地区之一，同时也是对长江、珠江流域社会、经济可持续发展中生态的可持续性最具影响的地区，其生态环境的优劣将直接影响到整个长江和珠江流域。

滇中高原地区的滇中城市群是国家重点培育的19个城市群之一，是全国“两横三纵”城镇化战略格局的重要组成部分，是西部大开发的重点地带，是我国依托长江建设中国经济新支撑带的重要增长极。在国家战略中，滇中高原地区是面向南亚东南亚辐射中心的核心区、中国西南经济增长极和区域性国际综合枢纽。滇中城市群作为我国西南地区重要的城市群之一，是我国面向南亚、东南亚的辐射中心，在对外开放与区域协作发展方面都有重要意义。滇中城市群位于云南省的地理中心，是云南省人流、物流、资金流和信息流等汇集的中心，是云南省进一步扩大对内对外开放的最优区域，在云南省具有举足轻重的地位。滇中高原地区是云南省经济最为发达的地区，近年来区域内滇中城市群生产总值占全省GDP总量的60%以上，人均生产总值高出全省平均水平25%以上，是云南城镇化水平最高的区域。提升滇中高原地区生态建设能力，优化区域内生态承载能力，对建设美丽云南，实现习近平总书记对云南提出的努力成为生态文明建设排头兵、面向南亚东南亚辐射中心，并融入“一带一路”“长江经济带”等国家重大战略，有着举足轻重的重要意义。

由于该区域是云南省居民最密集、人为活动最频繁的地区，导致生态环境脆弱而敏感，加强生态环境建设是建设生态文明和当地社会经济可持续发展的重要任务。要解决生态环境建设方面的问题，就需要在坚持长期持续研究的基础上，开展生态过程、结构、功能和生态系统优化管理的研究，深刻揭示森林生态系统和流域水分时空分布及水质的动态变化过程，才能为区域生态环境建设，维护生态安全和社会经济的可持续发展提供有力的科学和技术支撑。

云南滇中高原站站区以昆明湖盆为中心，四周呈丘状高原山地特征，在植物区系组成上体现出滇中高原典型性。地处滇中高原核心区高原湖泊群中心的滇池湖畔，研究对象兼具高原湖泊森林生态系统的特色。主站点及辅助站点分别位于云南省省会昆明市南北两侧，通过云南滇中高原站的工作，不仅能为滇中地区的生态保护与发展提供依据，还能为森林服务功能的定量说明提供科技支撑，对城市森林的发展和社会经济发展具有很强的指导意义。站点位于云南省最大、全国前列的磷矿区，通过云南滇中高原站的工作，可以探索矿山生态修复的途径，并通过观测数据对比其成效，明确生态修复的效益。

水量平衡场

坡面径流场

测流堰

现有工作条件：592.4 平方米的综合实验楼 1 栋、标准水量平衡场 4 块、地表径流场 5 块、测流堰 3 个、20 米 ×20 米固定样地 112 块、200 米 ×200 米的 4 公顷大样地 1 块、森林小气候观测点 13 个、标准气象观测站 2 个、林间穿透雨及树干径流观测点等野外观测设施 37 个。

拥有土壤碳排放监测系统、土壤水分梯度观测系统、微波消解仪、紫外分光光度计、火焰光度计、空气颗粒物气溶胶再发生器、环境粉尘探测器、超低温保存箱等监测实验仪器。

土壤碳排放原位检测仪

林内小气候

林干径流

综合实验室可完成常规监测指标分析，依托昆明市海口林场培训中心，可同时接待 50 人开展工作。

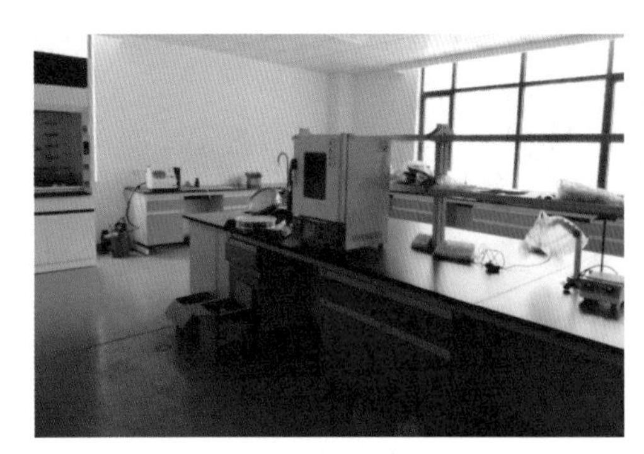

综合实验室

昆明市海口林场综合培训楼

自建站以来，云南滇中高原站先后承担了云南省生态定位监测网络培训现场教学、中国森林生态系统定位观测研究网络学术大会、国家林业和草原局退耕还林效益监测技术培训班现场教学、中国地质调查局云贵高原自然资源要素综合观测体系建设学术研讨会现场见习等会议与培训，得到了参会专家、学者及生态科研工作者的好评。

人员构成：云南滇中高原站现有固定研究人员27人，其中研究员及正高级工程师4人、副研究员及高级工程师8人、助理研究员及工程师8人、助理工程师4人、硕士科研助理3人；常驻客座研究人员3人，均为博士、副教授；在站学习硕士研究生3人、博士研究生1人。

自2016年正式开展工作以来来，云南滇中高原站每年完成气象、水文、生物、土壤、水土资源监测等数据200余万条，计算相关指标5万余项。已积累包括气象、水文、生物、土壤、水土资源监测和森林群落等观测数据共计1100多万条，整理计算相关指标21万项，初步形成数据展示系统1套。

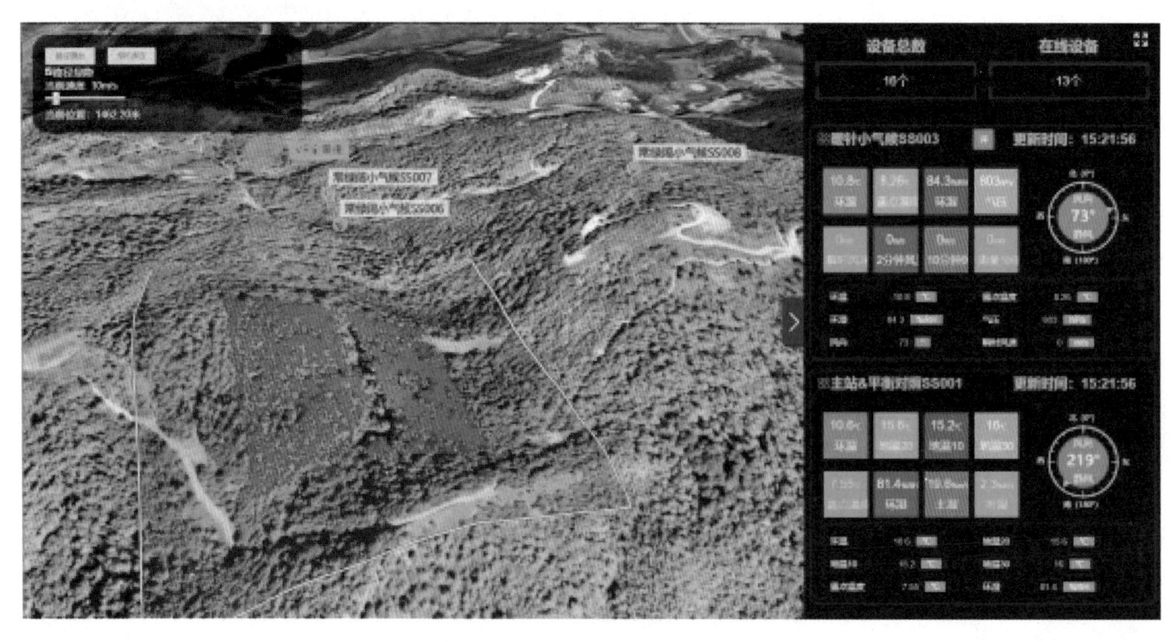

注：数据系统三维地图中，黄线框起的红色透明区域为样地区域。点击信息点，可以展示信息点的详细信息。

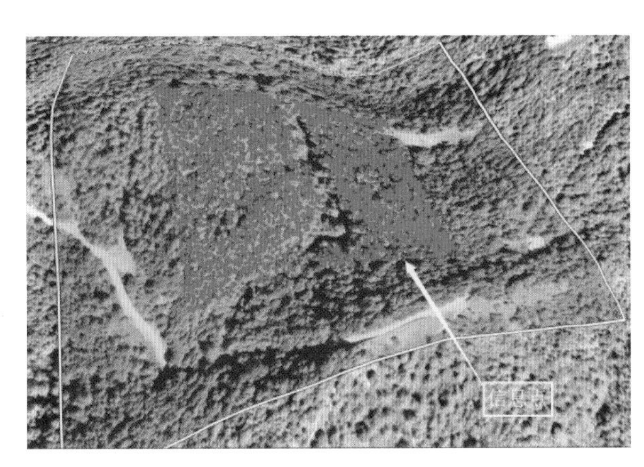

依托本站已获得多项科研成果，其中包括：获国家、省、市级等各类科研推广及补助项目 10 余项，总经费 737.4 万元；取得作品登记证书 1 项；近两年发表学术论文 12 篇，其中，SCI 收录 1 篇，北大核心论文 8 篇；依托本站已培养硕士研究生 8 名，学士 10 名。

中国森林生态系统服务评估及其价值化实现路径设计

王兵　牛香　宋庆丰

习近平总书记在《关于〈中共中央关于全面深化改革若干重大问题的决定〉的说明》中提到山水林田湖是一个生命共同体，人的命脉在田，田的命脉在水，水的命脉在山，山的命脉在土，土的命脉在树。由此可以看出，森林高居山水林田湖生命共同体的顶端，在2500年前的《贝叶经》中也把森林放在了人类生存环境的最高位置，即：有林才有水，有水才有田，有田才有粮，有粮才有人。森林生态系统是维护地球生态平衡最主要的一个生态系统，在物质循环、能量流动和信息传递方面起到了至关重要的作用。特别是森林生态系统服务发挥的“绿色水库”“绿色碳库”“净化环境氧吧库”和“生物多样性基因库”四个生态库功能，为经济社会的健康发展尤其是人类福祉的普惠提升提供了生态产品保障。目前，如何核算森林生态功能与其服务的转化率以及价值化实现，并为其生态产品设计出科学可行的实现路径，正是当今研究的重点和热点。本文将基于大量的森林生态系统服务评估实践，开展价值化实现路径设计研究，为“绿水青山”向“金山银山”转化提供可复制、可推广的范式。

森林生态系统服务评估技术体系

利用森林生态系统连续观测与清查体系（以下简称“森林生态连清体系”，图1），基于以中华人民共和国国家标准为主体的森林生态系统服务监测评估标准体系，获取森林资源数据和森林生态连清数据，再辅以社会公共数据进行多数据源耦合，按照分布式测算方法，开展森林生态系统服务评估。

森林生态连清技术体系

森林生态连清体系是以生态地理区划为单位，以国家现有森林生态站为依托，采用长期定位观测技术和分布式测算方法，定期对同一森林生态系统进行重复的全指标体系观测与清查的技术。它可以配合国家森林资源连续清查（以下简称“森林资源连清”），形成国家森林资源清查综合调查新体系，用以评价一定时期内森林生态系统的质量状况。森林生态连清体系将森林资源清查、生态参数观测调查、指标体系和价值评估方法集于一套框架中，即通过合理布局来制定实现评估区域森林生态系统特征的代表性，又通过标准体系来规范从观测、分析、测算评估等各阶段工作。这一套体系是在耦合森林资源数据、生态连清数据和社会经济价格数据的基础上，在统一规范的框架下完成对森林生态系统服务功能的评估。

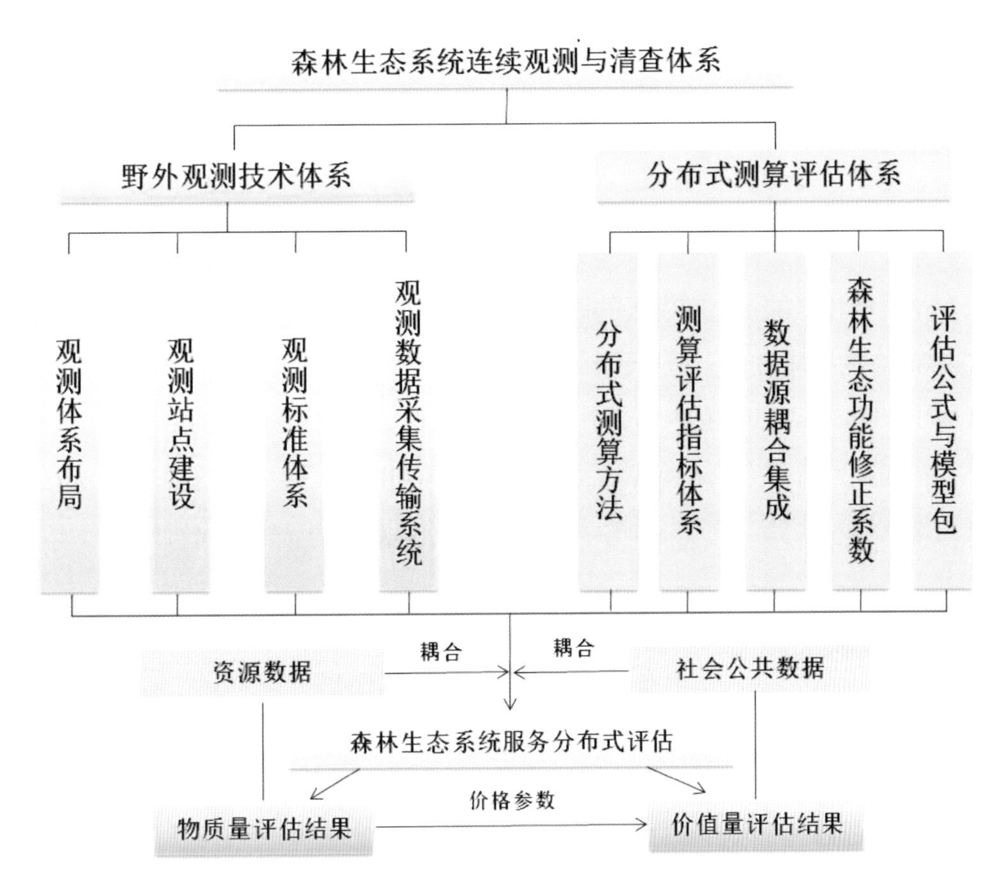

图 1　森林生态系统服务连续观测与清查体系框架

评估数据源的耦合集成

第一，森林资源连清数据。依据《森林资源连续清查技术规程》(GB/T 38590—2020)，从森林资源自身生长、分布规律和特点出发，结合我国国情、林情和森林资源管理特点，采用抽样调查技术和以“3S”技术为核心的现代信息技术，以省份为控制总体，通过固定样地设置和定期实测的方法，以及国家林业和草原局对不同省份具体时间安排，定期对森林资源调查所涉及到的所有指标进行清查。目前，全国已经开展了 9 次全国森林资源清查。

第二，森林生态连清数据。依据《森林生态系统定位观测指标体系》(GB/T 35377—2017) 和《森林生态系统长期定位观测方法》(GB/T 33027—2016)，来自全国森林生态站、辅助观测点和大量固定样地的长期监测数据。森林生态站监测网络布局是以典型抽样为指导思想，以全国水热分布和森林立地情况为布局基础，辅以重点生态功能区和生物多样性优先保护区，选择具有典型性、代表性和层次性明显的区域完成森林生态网络布局。

第三，社会公共数据。社会公共数据来源于我国权威机构所公布的社会公共数据，包括《中国水利年鉴》《中华人民共和国水利部水利建筑工程预算定额》、中国农业信息网（http://www.agri.gov.cn/）、卫生部网站（http://wsb.moh.gov.cn/）、《中华人民共和国环境保护税法》中的《环境保护税税目税额表》。

标准体系

由于森林生态系统长期定位观测涉及不同气候带、不同区域，范围广、类型多、领域多、影响因素复杂，这就要求在构建森林生态系统长期定位观测标准体系时，应综合考虑各方面因素，紧扣林业生产的最新需求和科研进展，既要符合当前森林生态系统长期定位观测研究需求，又具有良好的扩充和发展的弹性。通过长期定位观测研究经验的积累，并借鉴国内外先进的野外观测理念，构建了包括三项国家标准（GB/T 33027—2016、GB/T 35377—2017 和 GB/T 38582—2020）在内的森林生态系统长期定位观测标准体系（图 2），涵盖观测站建设、观测指标、观测方法、数据管理、数据应用等方面，确保了各生态站所提供生态观测数据的准确性和可比性，提升了生态观测网络标准化建设和联网观测研究能力。

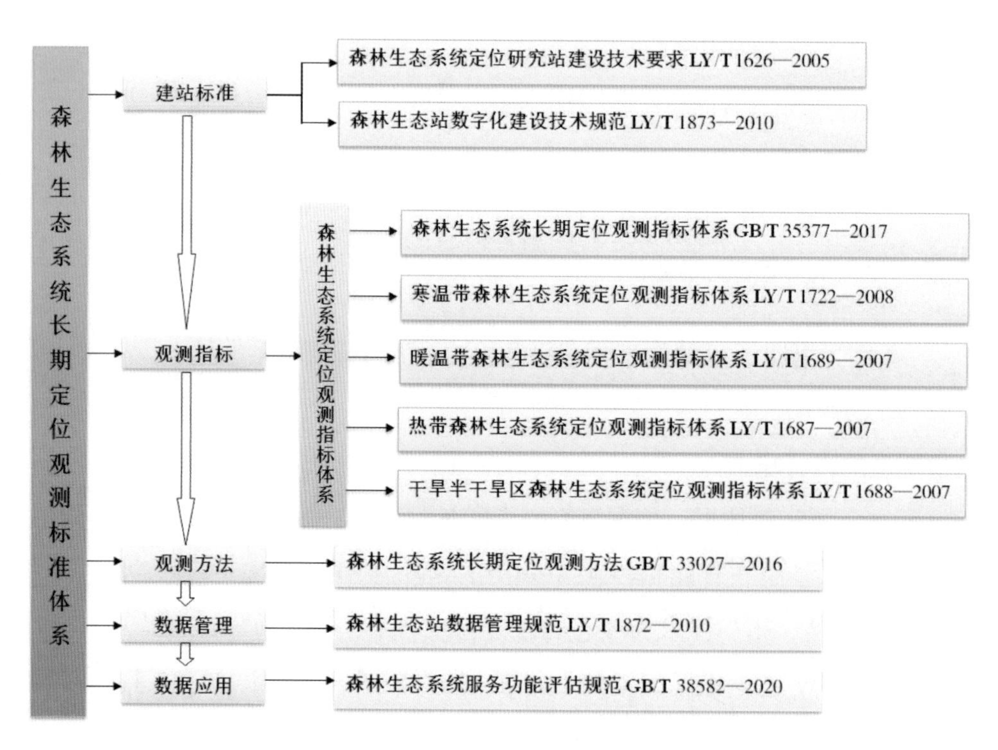

图 2　森林生态系统长期定位观测标准体系

分布式测算方法

森林生态系统服务评估是一项非常庞大、复杂的系统工程，很适合划分成多个均质化的生态测算单元开展评估。因此，分布式测算方法是目前评估森林生态系统服务所采用的一种较为科学有效的方法，通过诸多森林生态系统服务功能评估案例也证实了分布式测算方法能够保证结果的准确性及可靠性。

分布式测算方法的具体思路如下：第一，将全国（香港、澳门、台湾除外）按照省级行政区划分为第 1 级测算单元；第二，在每个第 1 级测算单元中按照林分类型划分成第 2 级测算单元；第三，在每个第 2 级测算单元中，再按照起源分为天然林和人工林第 3 级测算单元；第四，在每个第 3 级测算单元中，再按照林龄组划分为幼龄林、中龄林、近熟林、成熟林、过熟林第 4 级测算单元，结合不同立地条件的对比观测，最终确定若干个相对均质化的森林生态连清数据汇总单元。

基于生态系统尺度的定位实测数据，运用遥感反演、模型模拟（如 IBIS—集成生物圈模型）等技术手段，进行由点到面的数据尺度转换。将点上实测数据转换至面上测算数据，即可得到森林生态连清汇总单元的测算数据，将以上均质化的单元数据累加的结果即为汇总结果。

多尺度多目标森林生态系统服务评估实践

全国尺度森林生态系统服务评估实践

在全国尺度上，以全国历次森林资源清查数据和森林生态连清数据（森林生态站、生态效益监测点以及 1 万余个固定样地的长期监测数据）为基础，利用分布式测算方法，开展了全国森林生态系统服务评估。其中，2009 年 11 月 17 日，基于第七次全国森林资源清查数据的森林生态系统服务评估结果公布，全国生态服务功能价值量为 10.01 万亿元 / 年；2014 年 10 月 22 日，原国家林业局和国家统计局联合公布了第二期（第八次森林资源清查数据）全国森林生态系统服务评估总价值量为 12.68 万亿元 / 年；最新一期（第九次森林资源清查）全国森林生态系统服务评估总价值量为 15.88 万亿元 / 年。《中国森林资源及其生态功能四十年监测与评估》研究结果表明：近 40 年间，我国森林生态功能显著增强，其中，固碳量、释氧量和吸收污染气体量实现了倍增，其他各项功能增长幅度也均在 70% 以上。

省域尺度森林生态系统服务评估实践

在全国选择 60 个省级及代表性地市、林区等开展森林生态系统服务评估实践，评估结果以“中国森林生态系统连续观测与清查及绿色核算”系列丛书的形式向社会公布。该丛书包括了我国省级及以下尺度的森林生态连清及价值评估的重要成果，展示了森林生态连清在我国的发展过程及其应用案例，加快了森林生态连清的推广和普及，使人们更加深入地了解了森林生态连清体系在当代生态文明中的重要作用，并把“绿水青山价值多少金山银山”这本账算得清清楚楚。

省级尺度上，如安徽卷研究结果显示，安徽省森林生态系统服务总价值为4804.79 亿元/年，相当于 2012 年安徽省 GDP（20849 亿元）的 23.05%，每公顷森林提供的价值平均为 9.60

万元/年。代表性地市尺度上，如在呼伦贝尔国际绿色发展大会上公布的2014年呼伦贝尔市森林生态系统服务功能总价值量为6870.46亿元，相当于该市当年GDP的4.51倍。

林业生态工程监测评估国家报告

基于森林生态连清体系，开展了我国林业重大生态工程生态效益的监测评估工作，包括：退耕还林（草）工程和天然林资源保护工程。退耕还林（草）工程共开展了5期监测评估工作，分别针对退耕还林6个重点监测省份、长江和黄河流域中上游退耕还林工程、北方沙化土地的退耕还林工程、退耕还林工程全国实施范围、集中连片特困地区退耕还林工程开展了工程生态效益、社会效益和经济效益的耦合评估。针对天然林资源保护工程，分别在东北、内蒙古重点国有林区和黄河流域上中游地区开展了2期天然林资源保护工程效益监测评估工作。

森林生态系统服务价值化实现路径设计

生态产品价值实现的实质就是生态产品的使用价值转化为交换价值的过程，张林波等在国内外生态文明建设实践调研的基础上，从生态产品使用价值的交换主体、交换载体、交换机制等角度，归纳形成8大类和22小类生态产品价值实现的实践模式或路径。结合森林生态系统服务评估实践，我们将9项功能类别与8大类实现路径建立了功能与服务转化率高低和价值化实现路径可行性的大小关系（图3）。生态系统服务价值化实现路径可分为就地实现和迁地实现。就地实现为在生态系统服务产生区域内完成价值化实现，例如，固碳释氧、净化大气环境等生态功能价值化实现；迁地实现为在生态系统服务产生区域之外完成价值化实现，例如，大江大河上游森林生态系统涵养水源功能的价值化实现需要在中、下中游予以体现。基于建立的功能与服务转化率高低和价值化实现路径可行性的大小关系，以具体研究案例进行生态系统服务价值化实现路径设计，具体研究内容如下：

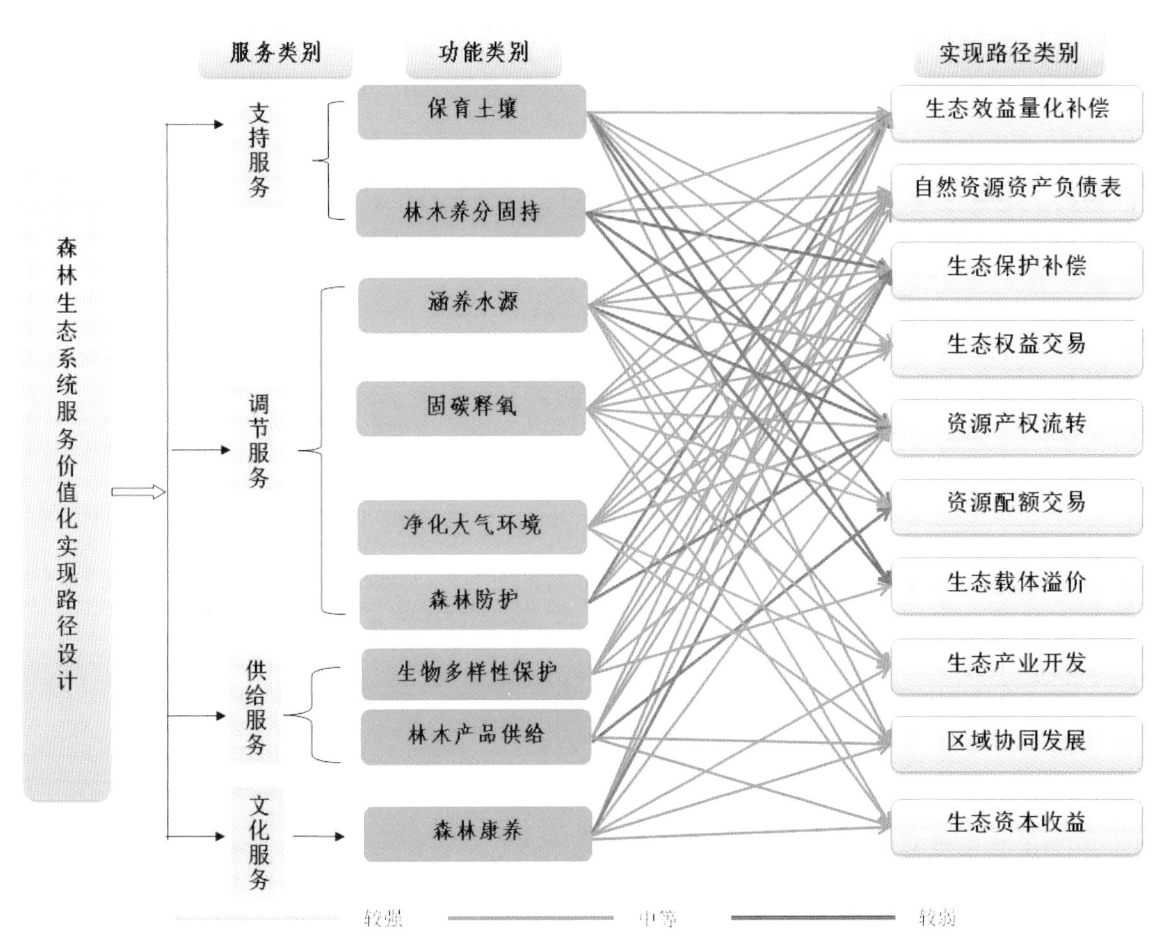

图3　森林生态系统服务价值化实现路径设计

森林生态效益精准量化补偿实现路径

森林生态效益科学量化补偿是基于人类发展指数的多功能定量化补偿，结合了森林生态系统服务和人类福祉的其他相关关系，并符合不同行政单元财政支付能力的一种对森林生态系统服务提供者给予的奖励。探索开展生态产品价值计量，推动横向生态补偿逐步由单一生态要素向多生态要素转变，丰富生态补偿方式，加快探索"绿水青山就是金山银山"的多种现实转化路径。

例如，内蒙古大兴安岭林区森林生态系统服务功能评估，利用人类发展指数，从森林生态效益多功能定量化补偿方面进行了研究，计算得出森林生态效益定量化补偿系数、财政相对能力补偿指数、补偿总量及补偿额度。结果表明：森林生态效益多功能生态效益补偿额度为15.52元/（亩·年），为政策性补偿额度（平均每年每亩5元）的3倍。由于不同优势树种（组）的生态系统服务存在差异，在生态效益补偿上也应体现出差别，经计算得出：主要优势树种（组）生态效益补偿分配系数介于0.07%～46.10%，补偿额度最高的为枫桦303.53元/公顷，其次为其他硬阔类299.94元/公顷。

自然资源资产负债表编制实现路径

目前，我国正大力推进的自然资源资产负债表编制工作，这是政府对资源节约利用和生态环境保护的重要决策。根据国内外研究成果，自然资源资产负债表包括3个账户，分别为一般资产账户、森林资源资产账户和森林生态系统服务账户。

例如，内蒙古自治区在探索编制负债表的进程中，先行先试，率先突破，探索出了编制森林资源资产负债表的可贵路径，使国家建立这项制度、科学评价领导干部任期内的生态政绩和问责成为了可能。内蒙古自治区为客观反映森林资源资产的变化，编制负债表时以翁牛特旗高家梁乡、桥头镇和亿合公镇3个林场为试点创新性地分别设立了3个账户，即一般资产账户、森林资源资产账户和森林生态系统服务账户，还创新了财务管理系统管理森林资源，使资产、负债和所有者权益的恒等关系一目了然。3个林场的自然资源价值量分别为：5.4亿元、4.9亿元和4.3亿元，其中，3个试点林场生态服务服务总价值为11.2亿元，林地和林木的总价值为3.4亿元。

退耕还林工程生态环境保护补偿与生态载体溢价价值化实现路径

退耕还林工程就是从保护生态环境出发，将水土流失严重的耕地，沙化、盐碱化、石漠化严重的耕地以及粮食产量低而不稳的耕地，有计划、有步骤地停止耕种，因地制宜地造林种草，恢复植被。集中连片特困区的退耕还林工程既是生态修复的“主战场”，也是国家扶贫攻坚的“主战场”。退耕还林作为“生态扶贫”的重要内容和林业扶贫“四个精准”举措之一，在全面打赢脱贫攻坚战中承担了重要职责，发挥了重要作用。经评估得出：退耕还林工程在集中连片特困区产生了明显的社会和经济效益。

1. 退耕还林工程生态保护补偿价值化实现路径

生态保护补偿狭义上是指政府或相关组织机构从社会公共利益出发向生产供给公共性生态产品的区域或生态资源产权人支付的生态保护劳动价值或限制发展机会成本的行为，是公共性生态产品最基本、最基础的经济价值实现手段。

退耕还林工程实施以来，退耕农户从政策补助中户均直接收益9800多元，占退耕农民人均纯收入的10%，宁夏一些县级行政区达到了45%以上。截至2017年年底，集中连片特困地区的341个被监测县级行政区共有1108.31万个农户家庭参与了退耕还林工程，占这些地方农户总数的30.54%，农户参与数分别为1998年和2007年的369倍和2.50倍，所占比重分别比1998年和2007年上升了23.32个百分点和14.42个百分点。黄河流域的六盘山区和吕梁山区属于集中连片特困地区，参与退耕还林工程的农户数分别为16.69万户和31.50万户，参与率分别为20.92%和38.16%。通过政策性补助的方式，提升了参与农户的收入水平。

2. 退耕还林工程生态产品溢价价值化实现路径

一是以林脱贫的长效机制开始建立。新一轮退耕还林工程不限定生态林和经济林比例，农户根据自己意愿选择树种，这有利于实现生态建设与产业建设协调发展，生态扶贫和精准扶贫齐头并进，以增绿促增收，奠定了农民以林脱贫的资源基础。据监测结果显示，样本户的退耕林木有六成以上已成林，且 90% 以上长势良好，三成以上的农户退耕地上有收入。甘肃省康县平洛镇瓦舍村是建档立卡贫困村，2005 年通过退耕还林种植 530 亩核桃，现在每株可挂果 8 千克，每亩收入可达 2000 元，贫困户人均增收 2200 元。

二是实现了绿岗就业。首先，实现了农民以林就业，2017 年样本县农民在退耕林地上的林业就业率为 8.01%，比 2013 年增加了 2.26 个百分点。自 2016 年开始，中央财政安排 20 亿元购买生态服务，聘用建档立卡贫困群众为生态护林员。一些地方政府把退耕还林工程与生态护林员政策相结合，通过购买劳务的方式，将一批符合条件的贫困退耕人口转化为生态护林员，并积极开发公益岗位，促进退耕农民就业。

三是培育了地区新的经济增长点。第一，林下经济快速发展。2017 年，集中连片特困地区监测县在退耕地上发展的林下种植和林下养殖产值分别达到 434.3 亿元和 690.1 亿元，分别比 2007 年增加了 3.37 倍和 5.36 倍。宁夏回族自治区彭阳县借助退耕还林工程建设，大力发展林下生态鸡，探索出“合作社＋农户＋基地”的模式，建立产销一条龙的机制，直接经济收入达到了 4000 万元。第二，中药材和干鲜果品发展成绩突出。2017 年，集中连片特困地区监测县在退耕地上种植的中药材和干鲜果品的产量分别为 34.4 万吨和 225.2 万吨，与 2007 年相比，在退耕地上发展的中药材增长了 5.97 倍，干鲜果品增长了 5.54 倍。第三，森林旅游迅猛发展。2017 年集中连片特困地区监测县的森林旅游人次达到了 4.8 亿人次，收入达到了 3471 亿元，是 2007 年的 4 倍、1998 年的 54 倍。

绿色水库功能区域协同发展价值化实现路径

区域协同发展是指公共性生态产品的受益区域与供给区域之间通过经济、社会或科技等方面合作实现生态产品价值的模式，是有效实现重点生态功能区主体功能定位的重要模式，是发挥中国特色社会主义制度优势的发力点。

潮白河发源于河北省承德市丰宁县和张家口市沽源县，经密云水库的泄水分两股进入潮白河系，一股供天津生活用水；一股流入北京市区，是北京重要水源之一。根据《北京市水资源公报（2015）》，北京市 2015 年对潮白河的截流量为 2.21 亿立方米，占北京当年用水量（38.2 亿立方米）的 5.79%。同年，张承地区潮白河流域森林涵养水源的“绿色水库功能”为 5.28 亿立方米，北京市实际利用潮白河流域森林涵养水源量占其“绿色水库功能”的 41.83%。

滦河发源地位于燕山山脉的西北部，向西北流经沽源县，经内蒙古自治区正蓝旗转向东南又进入河北省丰宁县。河流蜿蜒于峡谷之间，至潘家口越长城，经罗家屯龟口峡谷入冀东平原，最终注入渤海。根据《天津市水资源公报（2015）》，2015 年，天津市引滦调水量为4.51亿立方米，占天津市当年用水量（23.37亿立方米）的19.30%。同年，张承地区滦河流域森林涵养水源的“绿色水库功能”为25.31亿立方米/年，则天津市引滦调水量占其滦河流域森林“绿色水库功能”的17.81%。

作为京津地区的生态屏障，张承地区森林生态系统对京津地区水资源安全起到了非常重要的作用。森林涵养的水源通过潮白河、滦河等河流进入京津地区，缓解了京津地区水资源压力。京津地区作为水资源生态产品的下游受益区，应该在下游受益区建立京津—张承协作共建产业园，这种异地协同发展模式不仅保障了上游水资源生态产品的持续供给，同时为上游地区提供了资金和财政收入，有效地减少了上游地区土地开发强度和人口规模，实现了上游重点生态功能区定位。

净化水质功能资源产权流转价值化实现路径

资源产权流转模式是指具有明确产权的生态资源通过所有权、使用权、经营权、收益权等产权流转实现生态产品价值增值的过程，实现价值的生态产品既可以是公共性生态产品，也可以是经营性生态产品。

在全面停止天然林商业性采伐后，吉林省长白山森工集团面临着巨大的转型压力，但其森林生态系统服务是巨大的，尤其是在净化水质方面，其优质的水资源已经被人们所关注。森工集团天然林年涵养水源量为48.75亿立方米/年，这部分水资源大部分会以地表径流的方式流出森林生态系统，其余的以入渗的方式补给了地下水，之后再以泉水的方式涌出地表，成为优质的水资源。农夫山泉在全国有7个水源地，其中之一便位于吉林长白山。吉林长白山森工集团有自有的矿泉水品牌——泉阳泉，水源也全部来自于长白山。

根据“农夫山泉吉林长白山有限公司年产99.88万吨饮用天然水生产线扩建项目”环评报告（2015年12月），该地扩建之前年生产饮用矿泉水80.12万吨，扩建之后将会达到99.88万吨/年，按照市场上最为常见的农夫山泉瓶装水（550毫升）的销售价格（1.5元），将会产生27.24亿元/年的产值。“吉林森工集团泉阳泉饮品有限公司”官方网站数据显示，其年生产饮用矿泉水量为200万吨，按照市场上最为常见的泉阳泉瓶装水（600毫升）的销售价格（1.5元），年产值将会达到50.00亿元。由于这些产品绝大部分是在长白山地区以外实现的价值，则其价值化实现路径属于迁地实现。

农夫山泉和泉阳泉年均灌装矿泉水量为299.88万吨，仅占长白山林区多年平均地下水天然补给量的0.41%，经济效益就达到了81.79亿元/年。这种以资源产权流转模式的价值化实现路径，能够进一步推进森林资源的优化管理，也利于生态保护目标的实现。

绿色碳库功能生态权益交易价值化实现路径

森林生态系统是通过植被的光合作用，吸收空气中的二氧化碳，进而开始了一系列生物学过程，释放氧气的同时，还产生了大量的负氧离子、萜烯类物质和芬多精等，提升了森林空气环境质量。生态权益交易是指生产消费关系较为明确的生态系统服务权益、污染排放权益和资源开发权益的产权人和受益人之间直接通过一定程度的市场化机制实现生态产品价值的模式，是公共性生态产品在满足特定条件成为生态商品后直接通过市场化机制方式实现价值的唯一模式，是相对完善成熟的公共性生态产品直接市场交易机制，相当于传统的环境权益交易和国外生态系统服务付费实践的合集。

森林生态系统通过“绿色碳汇”功能吸收固定空气中的二氧化碳，起到了弹性减排的作用，减轻了工业减排的压力。通过测算可知广西壮族自治区森林生态系统固定二氧化碳量为 1.79 亿吨 / 年，但其同期工业二氧化碳排放量为 1.55 亿吨，所以，广西壮族自治区工业排放的二氧化碳完全可以被森林所吸收，其生态系统服务转化率达到了 100%，实现了二氧化碳零排放，固碳功能价值化实现路径则为完成了就地实现路径，功能与服务转化率达到了 100%。而其他多余的森林碳汇量则为华南地区的周边地区提供了碳汇功能，比如广东省。这样，两省（区）之间就可以实现优势互补。因此，广西壮族自治区森林在华南地区起到了绿色碳库的作用。广西壮族自治区政府可以采用生态权益交易中污染排放权益模式，将森林生态系统“绿色碳库”功能以碳封存的方式放到市场上交易，用于企业的碳排放权购买。利用工业手段捕集二氧化碳过程成本 200 ～ 300 元 / 吨，那么广西壮族自治区森林生态系统“绿色碳库”功能价值量将达到 358 亿～ 537 亿元 / 年。

森林康养功能生态产业开发价值化实现路径

生态产业开发是经营性生态产品通过市场机制实现交换价值的模式，是生态资源作为生产要素投入经济生产活动的生态产业化过程，是市场化程度最高的生态产品价值实现方式。生态产业开发的关键是如何认识和发现生态资源的独特经济价值，如何开发经营品牌提高产品的“生态”溢价率和附加值。

“森林康养”就是利用特定森林环境、生态资源及产品，配备相应的养生休闲及医疗、康体服务设施，开展以修身养心、调适机能、延缓衰老为目的的森林游憩、度假、疗养、保健、休闲、养老等活动的统称。

从森林生态系统长期定位研究的视角切入，与生态康养相融合，开展的五大连池森林氧吧监测与生态康养研究，依照景点位置、植被典型性、生态环境质量等因素，将五大连池风景区划分为 5 个一级生态康养功能区划，分别为氧吧—泉水—地磁生态康养功能区、氧吧—泉水生态康养功能区、氧吧—地磁生态康养功能区、氧吧生态康养功能区和生态休闲区，其中氧吧—泉水—地磁生态康养功能区和氧吧—地磁生态康养功能区所占面积较大，占区域总面积的 56.93%，氧吧—泉水—地磁生态康养功能区所包含的药泉、卧虎山、药泉山和格拉球山等景区。

2017年，五大连池风景区接待游客163万人次，接纳国内外康疗和养老人员25万人次，占旅游总人数的15.34%，由于地理位置优势，俄罗斯康疗和养老人员9万人次，占康疗和养老人数的36%。有调查表明，37%的俄罗斯游客有4次以上到五大连池疗养的体验，这些重游的俄罗斯游客不仅自己会多次来到五大连池，还会将五大连池宣传介绍给亲朋好友，带来更多的游客，有75%的俄罗斯游客到五大连池旅游的主要目的是为了医疗养生，可见五大连池吸引俄罗斯游客的还是医疗养生。

五大连池景区管委会应当利用生态产业开发模式，以生态康养功能区划为目标，充分利用氧吧、泉水、地磁等独特资源，大力推进五大连池森林生态康养产业的发展，开发经营品牌提高产品的“生态”溢价率和附加值。

沿海防护林防护功能生态保护补偿价值化实现路径

海岸带地区是全球人口、经济活动和消费活动高度集中的地区，同时也是海洋自然灾害最为频繁的地区。台风、洪水、风暴潮等自然灾害给沿海地区的生命安全和财产安全带来严重的威胁。沿海防护林能通过降低台风风速、削减波浪能和浪高、降低台风过程洪水的水位和流速，从而减少台风灾害，这就是沿海防护林的海岸防护服务。同时，海岸带是实施海洋强国战略的主要区域，也是保护沿海地区生态安全的重要屏障。

经过对秦皇岛市沿海防护林实地调查，其对于降低风对社会经济以及人们生产生活的损害，起到了非常重要的作用。通过评估得出：秦皇岛市沿海防护林面积为1.51万公顷，其沿海防护功能价值量为30.36亿元/年，占总价值量的7.36%。其中，4个国有林场的沿海防护功能价值量为8.43亿元/年，占全市沿海防护功能价值量的27.77%，但是其沿海防护林面积为5019.05公顷，占全市沿海防护林总面积的33.24%。那么，秦皇岛市可以考虑生态保护补偿中纵向补偿的模式，以上级政府财政转移支付为主要方式，对沿海防护林防护功能进行生态保护补偿，使沿海地区免遭或者减轻了风对于区域内生产生活基础设施的破坏，能够维持人们的正常生活秩序。

植被恢复区生态服务生态载体溢价价值化实现路径

以山东省原山林场为例，原山林场建场之初森林覆盖率不足2%，到处是荒山秃岭。但通过开展植树造林、绿化荒山的生态修复工程，原山林场经营面积由1996年的4.06万亩增加到2014年的4.40万亩，活力木蓄积量由8.07万立方米增长到了19.74万立方米，森林覆盖率由82.39%增加到94.4%。目前，原山林场森林生态系统服务总价值量为18948.04万元/年，其中以森林康养功能价值量最大，占总价值量的31.62%，森林康养价值实现路径为就地实现。

原山林场目前尝试了生态载体溢价的生态服务价值化实现路径，即旅游地产业，通过

改善区域生态环境增加生态产品供给能力，带动区域土地房产增值是典型的生态产品直接载体溢价模式。另外，为了文化产业的发展，依托在植被恢复过程中凝聚出来的“原山精神”，已经在原山林场森林康养功能上实现了生态载体溢价。原山林场应结合目前以多种形式开展的“场外造林”活动，提升造林区域生态环境质量，结合自身成功的经营理念，更大限度地实现生态载体溢价的生态服务价值化。

展 望

根据研究结果 / 案例，在生态系统服务价值化实现路径方面开展更为详细的设计，使生态系统服务价值化实现逐步由理论走向实践。生态系统服务价值化实现的实质就是生态产品的使用价值转化为交换价值的过程。虽然生态产品基础理论尚未成体系，但国内外已经在生态系统服务价值化实现方面开展了丰富多彩的实践活动，形成了一些有特色、可借鉴的实践和模式。森林生态系统功能所产生的服务作为最普惠的生态产品，实现其价值转化具有重大的战略作用和现实意义。因此，建立健全生态系统服务实现机制，既是贯彻落实习近平生态文明思想、践行“绿水青山就是金山银山”理念的重要举措，也是坚持生态优先、推动绿色发展、建设生态文明的必然要求。

生态系统功能是生态系统服务的基础，它独立于人类而存在，生态系统服务则是生态系统功能中有利于人类福祉的部分。对于两者的理论关系认识较早，但迫于技术限制开展的研究相对较少，因此在现有森林生态系统功能与服务转化率研究结果的基础上，开展更为广泛的生态系统服务转化率的研究，进一步细化为就地转化和迁地转化，这也成为未来生态系统服务价值化实现途径的重要研究方向。

摘自：《环境保护》2020 年 14 期

基于全口径碳汇监测的中国森林碳中和能力分析

王兵　牛香　宋庆丰

碳中和已成为网络高频热词，百度搜索结果约1亿次！与其密切相关的森林碳汇也成为热词，搜索结果超过1200万次。最近的两组数据显示，我国森林面积和森林蓄积量持续增长将有效助力实现碳中和目标。第一组数据：2020年10月28日，国际知名学术期刊《自然》发表的多国科学家最新研究成果显示，2010—2016年我国陆地生态系统年均吸收约11.1亿吨碳，吸收了同时期人为碳排放量的45%。该数据表明，此前中国陆地生态系统碳汇能力被严重低估；第二组数据：2021年3月12日，国家林业和草原局新闻发布会介绍，我国森林资源中幼龄林面积占森林面积的60.94%。中幼龄林处于高生长阶段，伴随森林质量不断提升，其具有较高的固碳速率和较大的碳汇增长潜力，这对我国碳达峰、碳中和具有重要作用。

我国森林生态系统碳汇能力之所以被低估，主要原因是碳汇方法学存在缺陷，即推算森林碳汇量采用的材积源生物量法是通过森林蓄积量增量进行计算的，而一些森林碳汇资源并未被统计其中。因此，本文将从森林碳汇资源和森林全口径碳汇入手，分析40年来中国森林全口径碳汇的变化趋势和累积成效，进一步明确林业在实现碳达峰与碳中和过程中的重要作用。

森林全口径碳汇的提出

在了解陆地生态系统特别是森林对实现碳中和的作用之前，需要明确两个概念，即森林碳汇与林业碳汇。森林碳汇是森林植被通过光合作用固定二氧化碳，将大气中的二氧化碳捕获、封存、固定在木质生物量中，从而减少空气中二氧化碳浓度。林业碳汇是通过造林、再造林或者提升森林经营技术增加的森林碳汇，可以进行交易。

目前推算森林碳汇量采用的材积源生物量法存在明显的缺陷，导致我国森林碳汇能力被低估。其缺陷主要体现在以下三方面。

其一，森林蓄积量没有统计特灌林和竹林，只体现了乔木林的蓄积量，而仅通过乔木林的蓄积量增量来推算森林碳汇量，忽略了特灌林和竹林的碳汇功能。表1为历次全国森林资源清查期间我国有林地及其分量（乔木林、经济林和竹林）面积的统计数据。我国有林地面积近40年增长了10292.31万公顷，增长幅度为89.28%。有林地面积的增长主要来源于造林。

表 1　历次全国森林资源清查期间全国有林地面积

万公顷

清查期	年份	有林地			
		合计	乔木林	经济林	竹林
第二次	1977—1981年	11527.74	10068.35	1128.04	331.35
第三次	1984—1988年	12465.28	10724.88	1374.38	366.02
第四次	1989—1993年	13370.35	11370.00	1609.88	390.47
第五次	1994—1998年	15894.09	13435.57	2022.21	436.31
第六次	1999—2003年	16901.93	14278.67	2139.00	484.26
第七次	2004—2008年	18138.09	15558.99	2041.00	538.10
第八次	2009—2013年	19117.50	16460.35	2056.52	600.63
第九次	2014—2018年	21820.05	17988.85	3190.04	646.16

图 1 显示了历次全国森林资源清查期间的全国造林面积，造林面积均保持在 2000 万公顷 /5 年之上。Chi Chen 等的研究也证明了造林是我国增绿量居于世界前列的最主要原因。竹林是森林资源中固碳能力最强的植物，在固碳机制上，属于碳四（C_4）植物，而乔木林属于碳三（C_3）植物。虽然没有灌木林蓄积量的统计数据，但我国特灌林面积广袤，也具有显著的碳中和能力。近 40 年来，我国竹林面积处于持续的增长趋势，增长量为 309.81 万公顷，增长幅度为 93.49%；灌木林地（特灌林＋非特灌林灌木林）面积亦处于不断增长的过程中，近 40 年其面积增长了 5 倍（图 2）。

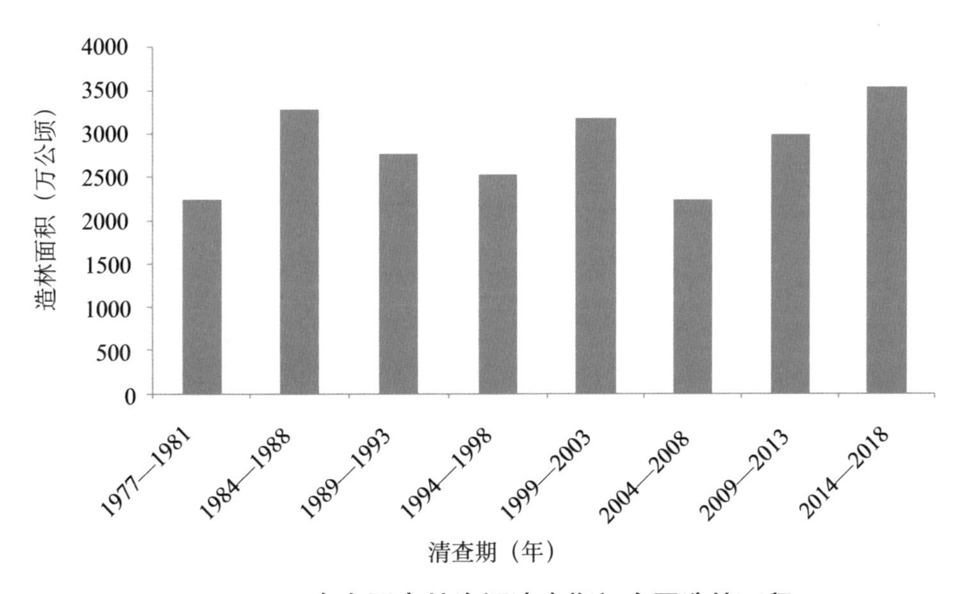

图 1　历次全国森林资源清查期间全国造林面积

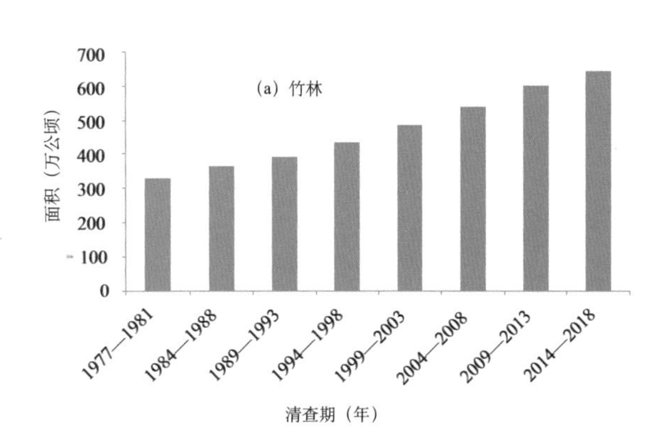

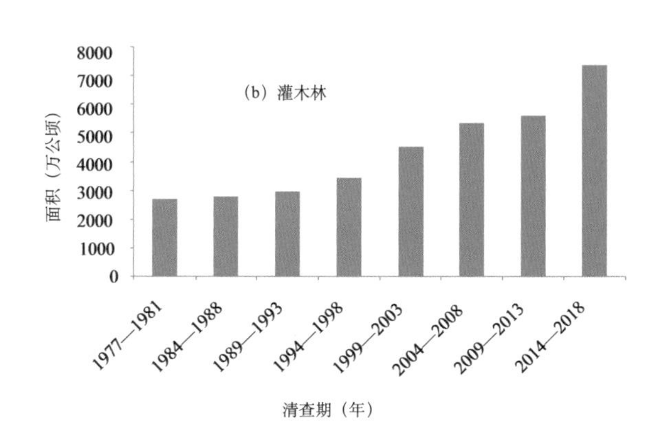

图 2　近 40 年我国竹林和灌木林面积变化

第九次全国森林资源清查结果显示，我国竹林面积 641.16 万公顷、特灌林面积 3192.04 万公顷。竹林是世界公认的生长最快的植物之一，具有爆发式可再生生长特性，蕴含着巨大的碳汇潜力，是林业应对气候变化不可或缺的重要战略资源。研究表明，毛竹年固碳量为 5.09 吨 / 公顷，是杉木林的 1.46 倍，是热带雨林的 1.33 倍，同时每年还有大量的竹林碳转移到竹材产品碳库中长期保存。灌木是森林和灌丛生态系统的重要组成部分，地上枝条再生能力强，地下根系庞大，具有耐寒、耐热、耐贫瘠、易繁殖、生长快的生物学特性。尤其是在干旱、半干旱地区，生长灌木林的区域是重要的生态系统碳库，对减少大气中二氧化碳含量具有重要作用。

其二，疏林地、未成林造林地、非特灌林灌木林、苗圃地、荒山灌丛、城区和乡村绿化散生林木也没在森林蓄积量的统计范围之内，它们的碳汇能力也被忽略了。图 3 展示了我国近 40 年来疏林地、未成林造林地和苗圃地面积的变化趋势。第九次全国森林资源清查结果显示，我国疏林地面积为 342.18 万公顷、未成林造林地面积为 699.14 万公顷、非特灌林灌木林面积为 1869.66 万公顷、苗圃地面积为 71.98 万公顷、城区和乡村绿化散生林木株数为 109.19 亿株（因散生林木具有较高的固碳速率，可以相当于 2000 万公顷森林资源的碳中和能力）。疏林地是指附着有乔木树种，郁闭度在 0.1~0.19 的林地，可以有效增加森林资源、扩大森林面积、改善生态环境的。其郁闭度过低的特点，恰恰说明其活立木种间和种内竞争比较微弱，而其生长速度较快的事实，又体现了其较强的碳汇能力。未成林造林地是指人工造林后，苗木分布均匀，尚未郁闭但有成林希望或补植后有成林希望的林地，是提升森林覆盖率的重要潜力资源之一，其处于造林的初始阶段，也是林木生长的高峰期，碳汇能力较强。苗圃地是繁殖和培育苗木的基地，由于其种植密度较大，碳密度必然较高。有研究表明，苗圃地碳密度明显高于未成林造林地和四旁树，其固碳能力不容忽视。城区和乡村绿化散生林木几乎不存在生长限制因子，生长速度更接近于生产力的极限，也意味着其固碳能力十分强大。

其三，森林土壤碳库是全球土壤碳库的重要组成部分，也是森林生态系统中最大的碳库。森林土壤碳含量占全球土壤碳含量的73%，森林土壤碳含量是森林生物量的2~3倍，它们的碳汇能力同样被忽略了。土壤中的碳最初来源于植物通过光合作用固定的二氧化碳，在形成有机质后通过根系分泌物、死根系或者枯枝落叶的形式进入土壤层，并在土壤中动物、微生物和酶的作用下，转变为土壤有机质存储在土壤中，形成土壤碳汇。但是，森林土壤年碳汇量大部分集中在表层土壤（0~20厘米），不同深度的森林土壤在年固碳量上存在差别，表层土壤（0~20厘米）年碳汇量约比深层土壤（20~40厘米）高出30%，深层土壤中的碳属于持久性封存的碳，在短时间内保持稳定的状态，且有研究表明成熟森林土壤可发挥持续的碳汇功能，土壤表层20厘米有机碳浓度呈上升趋势。

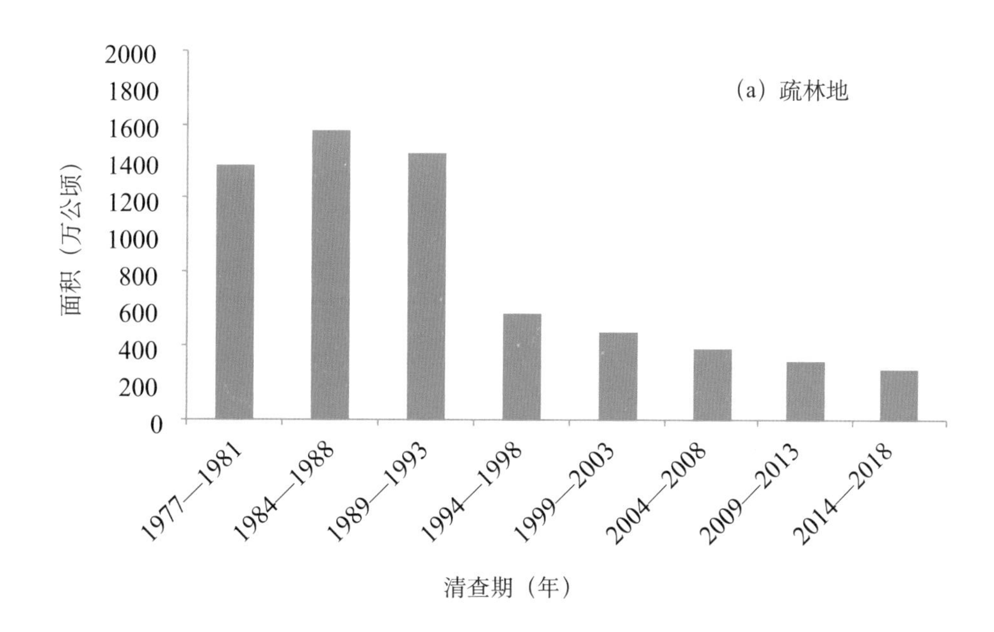

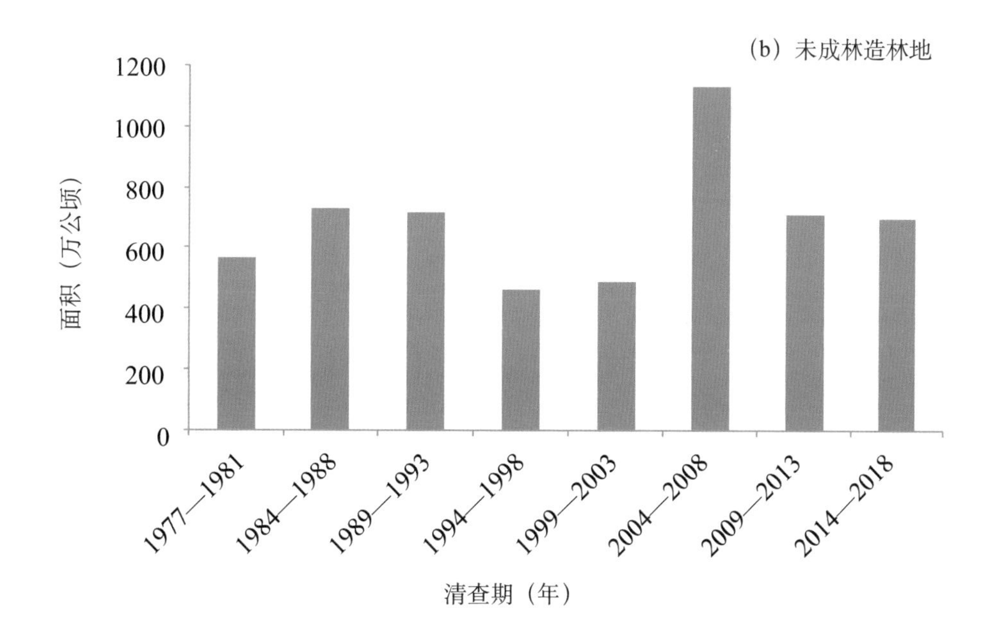

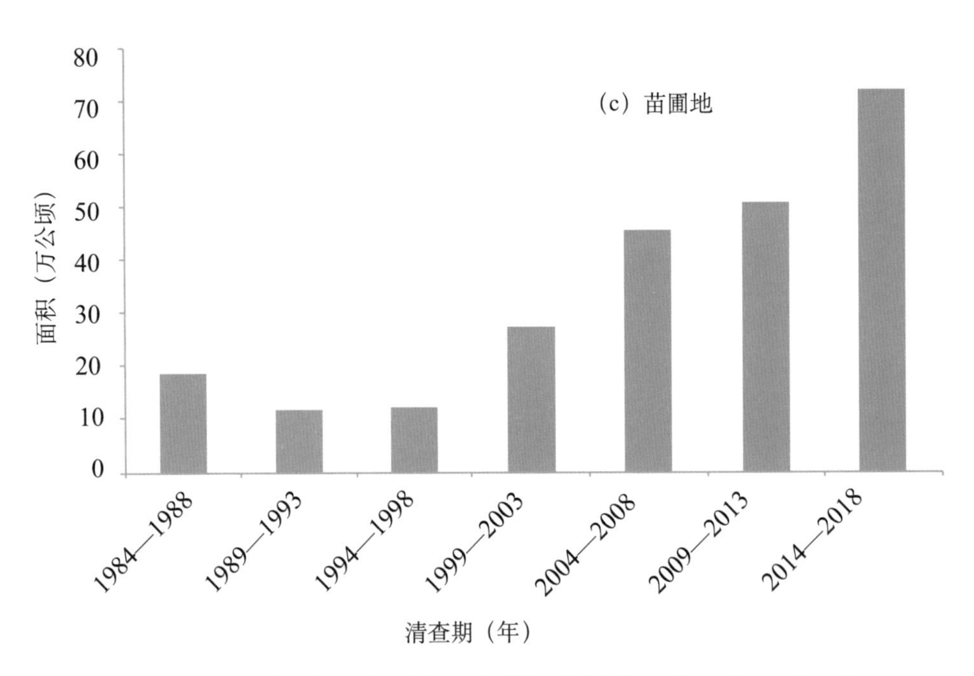

图3　近40年我国疏林地、未成林造林地、苗圃地面积变化

基于以上分析和中国森林资源核算项目一期、二期、三期研究成果，本文提出了森林碳汇资源和森林全口径碳汇新理念。森林全口径碳汇能更全面地评估我国的森林碳汇资源，避免我国森林生态系统碳汇能力被低估，同时还能彰显出我国林业在碳中和中的重要地位。森林碳汇资源为能够提供碳汇功能的森林资源，包括乔木林、竹林、特灌林、疏林地、未成林造林地、非特灌林灌木林、苗圃地、荒山灌丛、城区和乡村绿化散生林木等。森林植被全口径碳汇＝森林资源碳汇（乔木林碳汇＋竹林碳汇＋特灌林碳汇）＋疏林地碳汇＋未成林造林地碳汇＋非特灌林灌木林碳汇＋苗圃地碳汇＋荒山灌丛碳汇＋城区和乡村绿化散生林木碳汇，其中，含2.2亿公顷森林生态系统土壤年碳汇增量。基于第九次全国森林资源清查数据，核算出我国森林全口径碳中和量为4.34亿吨，其中，乔木林植被层碳汇2.81亿吨、森林土壤碳汇0.51亿吨、其他森林植被层碳汇1.02亿吨（非乔木林）。

当前我国森林全口径碳汇在碳中和所发挥的作用

中国森林资源核算第三期研究结果显示，我国森林全口径碳汇每年达4.34亿吨碳当量。其中，黑龙江、云南、广西、内蒙古和四川的森林全口径碳汇量居全国前列，占全国森林全口径碳汇量的43.88%。

在2021年1月9日召开的中国森林资源核算研究项目专家咨询论证会上，中国科学院院士蒋有绪、中国工程院院士尹伟伦肯定了森林全口径碳汇这一理念，对森林生态服务价值核算的理论方法和技术体系给予高度评价。尹伟伦表示，生态价值评估方法和理论，推动了生态文明时代森林资源管理多功能利用的基础理论工作和评价指标体系的发展。蒋有绪表示，固碳功能的评估很好地证明了中国森林生态系统在碳减排方面的重要作用，希望中国森林生态系统在碳中和任务中担当重要角色。

2020 年 3 月 15 日，习近平总书记主持召开的中央财经委员会第九次会议强调，2030 年前实现碳达峰，2060 年前实现碳中和，是党中央经过深思熟虑作出的重大战略决策，事关中华民族永续发展和构建人类命运共同体。如果按照全国森林全口径碳汇 4.34 亿吨碳当量折合 15.91 亿吨二氧化碳量计算，森林可以起到显著的固碳作用，对于生态文明建设整体布局具有重大的推进作用（图 4）。

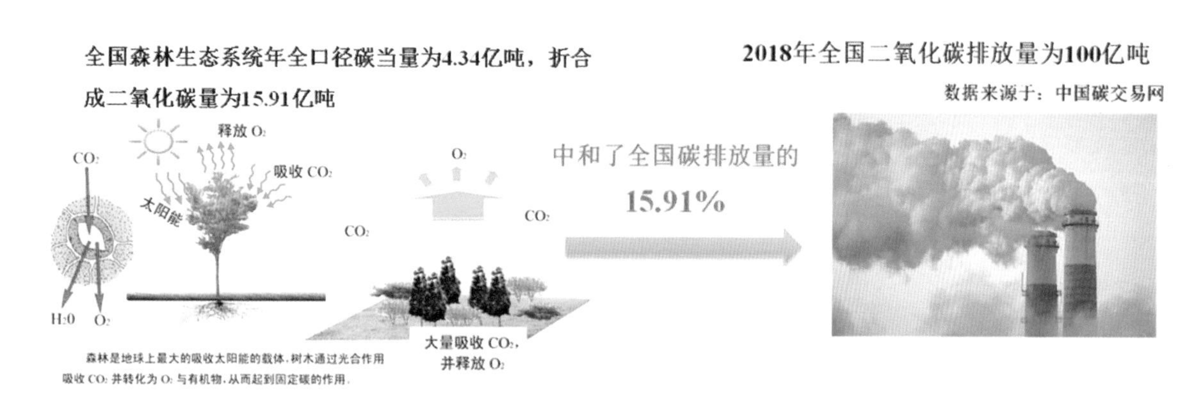

图 4　全国森林全口径碳汇的碳中和作用

2020 年 9 月 27 日，生态环境部举行的“积极应对气候变化”政策吹风会介绍，2019 年我国单位国内生产总值二氧化碳排放量比 2015 年和 2005 年分别下降约 18.2% 和 48.1%，2018 年森林面积和森林蓄积量分别比 2005 年增加 4509 万公顷和 51.04 亿立方米，成为同期全球森林资源增长最多的国家。通过不断努力，我国已成为全球温室气体排放增速放缓的重要力量。目前，我国人工林面积达 7954.29 万公顷，为世界上人工林面积最大的国家，其约占天然林面积的 57.36%，但单位面积蓄积生长量为天然林的 1.52 倍，这说明我国人工林在森林碳汇方面起到了非常重要的作用。另外，我国森林资源中幼龄林面积占森林面积的 60.94%，中幼龄林处于高生长阶段，具有较高的固碳速率和较大的碳汇增长潜力。由此可见，森林全口径碳汇将对我国碳达峰、碳中和起到重要作用。

40 年以来我国森林全口径碳汇的变化趋势和累积成效

近 40 年来，我国森林全口径碳汇能力不断增强。在历次森林资源清查期，我国森林生态系统全口径碳汇量分别为 1.75 亿吨 / 年（第二次：1977—1981 年）、1.99 亿吨 / 年（第三次：1984—1988 年）、2.00 亿吨 / 年（第四次：1989—1993 年）、2.64 亿吨 / 年（第五次：1994—1998 年）、3.19 亿吨 / 年（第六次：1999—2003 年）、3.59 亿吨 / 年（第七次：2004—2008 年）、4.03 亿吨 / 年（第八次：2009—2013 年）、4.34 亿吨 / 年（第九次：2014—2018 年）（图 5）。从第二次森林资源清查开始，历次清查期间森林生态系统全口径碳汇能力提升幅度分别为 0.50%、

32.00%、20.83%、12.54%、12.26%、7.69%。第九次森林资源清查期间，我国森林生态系统全口径碳汇能力较第二次森林资源清查期间增长了2.59亿吨/年，增长幅度为148.00%。从图5中可以看出，乔木林、经济林、竹林和灌木林面积的增长对于我国森林全口径碳汇能力提升的作用明显，苗圃地面积和未成林造林地面积的增长对于我国森林全口径碳汇能力的作用同样重要。同时，疏林地面积处于不断减少的过程中，表明了疏林地经过科学合理的经营管理后，林地郁闭度得以提升，达到了森林郁闭度的标准，同样为我国森林全口径碳汇能力的增强贡献了物质基础。

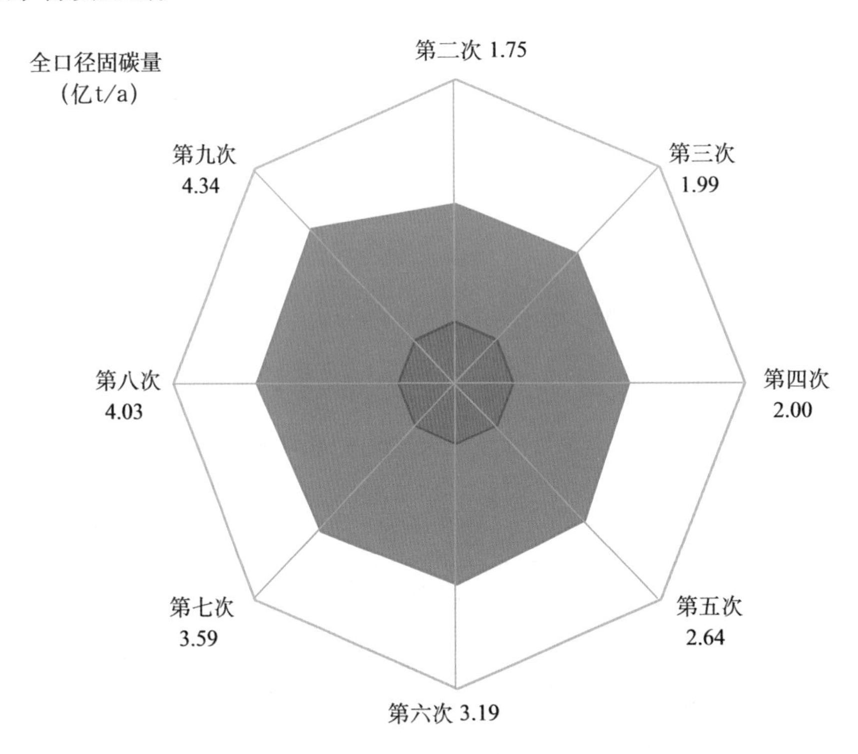

图5 近40年我国森林全口径碳汇量变化

根据以上核算结果进行统计，计算得出近40年我国森林生态系统全口径碳汇总量为117.70亿吨碳当量，合431.57亿吨二氧化碳。根据中国统计年鉴统计数据，1978—2018年，我国能源消耗总量折合成消费标准煤为726.31亿吨，利用碳排放转换系数可知我国近40年工业二氧化碳排放总量为2002.36亿吨。经对比得出，近40年我国森林生态系统全口径碳汇总量约占工业二氧化碳排放总量的21.55%，也就意味着中和了21.55%的工业二氧化碳排放量。

结语

森林植被全口径碳汇包括森林资源碳汇（乔木林碳汇、竹林碳汇、特灌林碳汇）、疏林地碳汇、未成林造林地碳汇、非特灌林灌木林碳汇、苗圃地碳汇、荒山灌丛碳汇和城区和乡村绿化散生林木碳汇，能够避免采用材积源生物量法推算森林碳汇量存在的明显缺陷，有利于彰显林业在碳中和中的重要作用。基于第九次全国森林资源清查数据，核算出我国森林全口径碳中和量为 4.34 亿吨，其中，乔木林植被层碳汇 2.81 亿吨、森林土壤碳汇 0.51 亿吨、其他森林植被层碳汇 1.02 亿吨（非乔木林）。

森林植被的碳汇能力对于我国实现碳中和目标尤为重要。在实现碳达峰、碳中和过程中，除了大力推动经济结构、能源结构、产业结构转型升级外，还应进一步加强以完善森林生态系统结构与功能为主线的生态系统修复和保护措施。通过完善森林经营方式，加强对疏林地和未成林造林地的管理，使其快速地达到森林认定标准（郁闭度大于 0.2）。增强以森林生态系统为主体的森林全口径碳汇功能，加强绿色减排能力，提升林业在碳达峰与碳中和过程中的贡献，打造具有中国特色的碳中和之路。

摘自：《环境保护》2021 年 16 期

附　表

表 1　环境保护税税目税额

<table>
<tr><th colspan="2">税目</th><th>计税单位</th><th>税额</th><th>备注</th></tr>
<tr><td colspan="2">大气污染物</td><td>每污染当量</td><td>1.2~12元</td><td></td></tr>
<tr><td colspan="2">水污染物</td><td>每污染当量</td><td>1.4~14元</td><td></td></tr>
<tr><td rowspan="4">固体废物</td><td>煤矸石</td><td>每吨</td><td>5元</td><td rowspan="4"></td></tr>
<tr><td>尾矿</td><td>每吨</td><td>15元</td></tr>
<tr><td>危险废物</td><td>每吨</td><td>1000元</td></tr>
<tr><td>冶炼渣、粉煤灰、炉渣、其他固体废物（含半固态、液态废物）</td><td>每吨</td><td>25元</td></tr>
<tr><td rowspan="6">噪声</td><td rowspan="6">工业噪声</td><td>超标1~3分贝</td><td>每月350元</td><td rowspan="6">1.一个单位边界上有多处噪声超标，根据最高一处超标声级计算应纳税额；当沿边界长度超过100米有两处以上噪声超标，按照两个单位计算应纳税额
2.一个单位有不同地点作业场所的，应当分别计算应纳税额，合并计征
3.昼、夜均超标的环境噪声，昼、夜分别计算应纳税额，累计计征
4.声源一个月内超标不足15天的，减半计算应纳税额
5.夜间频繁突发和夜间偶然突发厂界超标噪声，按等效声级和峰值噪声两种指标中超标分贝值高的一项计算应纳税额</td></tr>
<tr><td>超标4~6分贝</td><td>每月700元</td></tr>
<tr><td>超标7~9分贝</td><td>每月1400元</td></tr>
<tr><td>超标10~12分贝</td><td>每月2800元</td></tr>
<tr><td>超标13~15分贝</td><td>每月5600元</td></tr>
<tr><td>超标16分贝以上</td><td>每月11200元</td></tr>
</table>

表 2　应税污染物和当量值

一、第一类水污染物污染当量值

污染物	污染当量值（千克）
1.总汞	0.0005
2.总镉	0.005
3.总铬	0.04
4.六价铬	0.02
5.总砷	0.02
6.总铅	0.025
7.总镍	0.025
8.苯并（α）芘	0.0000003
9.总铍	0.01
10.总银	0.02

二、第二类水污染物污染当量值

污染物	污染当量值（千克）	备注
11.悬浮物（SS）	4.00	
12.生化需氧量（BODS）	0.50	同一排放口中的化学需氧量、生化需氧量和总有机碳，只征收一项
13.化学需氧量（CODcr）	1.00	
14.总有机碳（TOC）	0.49	
15.石油类	0.10	
16.动植物油	0.16	
17.挥发酚	0.08	
18.总氰化物	0.05	
19.硫化物	0.125	
20.氨氮	0.80	
21.氟化物	0.50	
22.甲醛	0.125	
23.苯胺类	0.20	
24.硝基苯类	0.20	

（续）

污染物	污染当量值（千克）	备注
25.阴离子表面活性剂（LAS）	0.20	
26.总铜	0.10	
27.总锌	0.20	
28.总锰	0.20	
29.彩色显影剂（CD-2）	0.20	
30.总磷	0.25	
31.单质磷（以P计）	0.05	
32.有机磷农药（以P计）	0.05	
33.乐果	0.05	
34.甲基对硫磷	0.05	
35.马拉硫磷	0.05	
36.对硫磷	0.05	
37.五氯酚及五酚钠（以五氯酚计）	0.25	
38.三氯甲烷	0.04	
39.可吸附有机卤化物（AOX）（以Cl计）	0.25	
40.四氯化碳	0.04	
41.三氯乙烯	0.04	
42.四氯乙烯	0.04	
43.苯	0.02	
44.甲苯	0.02	
45.乙苯	0.02	
46.邻-二甲苯	0.02	
47.对-二甲苯	0.02	
48.间-二甲苯	0.02	
49.氯苯	0.02	
50.邻二氯苯	0.02	
51.对二氯苯	0.02	
52.对硝基氯苯	0.02	
53.2，4-二硝基氯苯	0.02	
54.苯酚	0.02	
55.间-甲酚	0.02	
56.2，4-二氯酚	0.02	
57.2，4，6-三氯酚	0.02	
58.邻苯二甲酸二丁酯	0.02	
59.邻苯二甲酸二辛酯	0.02	
60.丙烯氰	0.125	
61.总硒	0.02	

三、pH值、色度、大肠菌群数、余氯量水污染物污染当量值

污染物		污染当量值	备注
1.pH值	1.0~1，13~14 2.1~2，12~13 3.2~3，11~12 4.3~4，10~11 5.4~5，9~10 6.5~6	0.06吨污水 0.125吨污水 0.25吨污水 0.5吨污水 1吨污水 5吨污水	pH值5~6指大于等于5，小于6；pH值9~10指大于9，小于等于10，其余类推
2.色度		5吨水·倍	
3.大肠菌群数（超标）		3.3吨污水	大肠菌群数和余氯量只征收一项
4.余氯量（用氯消毒的医院废水）		3.3吨污水	

四、禽畜养殖业、小型企业和第三产业水污染物污染当量值

类型		污染当量值	备注
禽畜养殖场	1.牛	0.1头	仅对存栏规模大于50头牛、500头猪、5000羽鸡鸭等的禽畜养殖场征收
	2.猪	1头	
	3.鸡、鸭等家禽	30羽	
4.小型企业		1.8吨污水	
5.饮食娱乐服务业		0.5吨污水	
6.医院	消毒	0.14床	医院病床数大于20张的按照本表计算污染当量数
		2.8吨污水	
	不消毒	0.07床	
		1.4吨污水	

注：本表仅适用于计算无法进行实际监测或者物料衡算的禽畜养殖业、小型企业和第三产业等小型排污者的水污染物污染当量数。

五、大气污染物污染当量值

污染物	污染当量值（千克）
1.二氧化硫	0.95
2.氮氧化物	0.95
3.一氧化碳	16.70
4.氯气	0.34
5.氯化氢	10.75
6.氟化物	0.87
7.氰化物	0.005
8.硫酸雾	0.60
9.铬酸雾	0.0007
10.汞及其化合物	0.0001

（续）

污染物	污染当量值（千克）
11.一般性粉尘	4.00
12.石棉尘	0.53
13.玻璃棉尘	2.13
14.碳黑尘	0.59
15.铅及其化合物	0.02
16.镉及其化合物	0.03
17.铍及其化合物	0.0004
18.镍及其化合物	0.13
19.锡及其化合物	0.17
20.烟尘	2.18
21.苯	0.05
22.甲苯	0.18
23.二甲苯	0.27
24.苯并（a）芘	0.000002
25.甲醛	0.09
26.乙醛	0.45
27.丙烯醛	0.06
28.甲醇	0.67
29.酚类	0.35
30.沥青烟	0.19
31.苯胺类	0.21
32.氯苯类	0.72
33.硝基苯	0.17
34.丙烯氰	0.22
35.氯乙烯	0.55
36.光气	0.04
37.硫化氢	0.29
38.氨	9.09
39．三甲胺	0.32
40.甲硫醇	0.04
41.甲硫醚	0.28
42.二甲二硫	0.28
43.苯乙烯	25.00
44.二硫化碳	20.00

表 3　IPCC 推荐使用的生物量转换因子（BEF）

编号	a	b	森林类型	R^2	备注
1	0.46	47.50	冷杉、云杉	0.98	针叶树种
2	1.07	10.24	桦木	0.70	阔叶树种
3	0.74	3.24	木麻黄	0.95	阔叶树种
4	0.40	22.54	杉木	0.95	针叶树种
5	0.61	46.15	柏木	0.96	针叶树种
6	1.15	8.55	栎类	0.98	阔叶树种
7	0.89	4.55	桉树	0.80	阔叶树种
8	0.61	33.81	落叶松	0.82	针叶树种
9	1.04	8.06	樟木、楠木、槠、青冈	0.89	阔叶树种
10	0.81	18.47	针阔混交林	0.99	混交树种
11	0.63	91.00	檫树落叶阔叶混交林	0.86	混交树种
12	0.76	8.31	杂木	0.98	阔叶树种
13	0.59	18.74	华山松	0.91	针叶树种
14	0.52	18.22	红松	0.90	针叶树种
15	0.51	1.05	马尾松、云南松	0.92	针叶树种
16	1.09	2.00	樟子松	0.98	针叶树种
17	0.76	5.09	油松	0.96	针叶树种
18	0.52	33.24	其他松林	0.94	针叶树种
19	0.48	30.60	杨树	0.87	阔叶树种
20	0.42	41.33	铁杉、柳杉、油杉	0.89	针叶树种
21	0.80	0.42	热带雨林	0.87	阔叶树种

注：资料来源：引自（Fang 等，2001）；生物量转换因子计算公式为：$B=aV+b$，其中 B 为单位面积生物量，V 为单位面积蓄积量，a、b 为常数；表中 R^2 为相关系数。

表 4　不同树种组单木生物量模型及参数

序号	公式	树种组	建模样本数	模型参数	
				a	b
1	$B/V=a(D^2H)^b$	杉木类	50	0.788432	−0.069959
2	$B/V=a(D^2H)^b$	马尾松	51	0.343589	0.058413
3	$B/V=a(D^2H)^b$	南方阔叶类	54	0.889290	−0.013555
4	$B/V=a(D^2H)^b$	红松	23	0.390374	0.017299
5	$B/V=a(D^2H)^b$	云冷杉	51	0.844234	−0.060296
6	$B/V=a(D^2H)^b$	落叶松	99	1.121615	−0.087122
7	$B/V=a(D^2H)^b$	胡桃楸、黄波罗	42	0.920996	−0.064294
8	$B/V=a(D^2H)^b$	硬阔叶类	51	0.834279	−0.017832
9	$B/V=a(D^2H)^b$	软阔叶类	29	0.471235	0.018332

注：资料来源：引自（李海奎和雷渊才，2010）。

表 5　昆明市海口林场森林生态系统服务评估社会公共数据

编号	名称	单位	2018年价格	来源及依据
1	水库建设单位库容投资	元/吨	10.28	根据1993—1999年《中国水利年鉴》平均水库库容造价为2.17元/吨，国家统计局公布的2012年原材料、燃料、动力类价格指数为3.725，即得到2012年单位库容造价为8.08元/吨，再根据贴现率转换为2018年价格
2	水的净化费用	元/吨	3.45	根据昆明市发展和改革委员会《昆明市主城区城市供排水到户价格》昆发改审批办［2009］46号，昆明市居民用水价格
3	挖取单位面积土方费用	元/立方米	81.77	依据2002年黄河水利出版社出版《中华人民共和国水利部水利建设工程预算定额》（上册）中人工挖土Ⅰ和Ⅱ类土每100立方米需42工时，人工费依据《云南省2013版建设工程计价依据》定额63.88元/工日，并按照《关于云南省2013版建筑工程造价依据调整定额人工费的通知》（云建标函〔2018〕47号）确定为63.88×1.28=81.77元/工日
4	磷酸二铵含氮量	%	14.00	化肥产品说明
5	磷酸二铵含磷量	%	15.01	
6	氯化钾含钾量	%	50.00	
7	磷酸二铵化肥价格	元/吨	2716.00	根据云南省发展改革委员会（yndrc.yn.gov.cn），2018年化工行业运行情况，磷酸二铵平均出厂价
8	氯化钾化肥价格	元/吨	2252.00	根据云南省发展改革委员会（yndrc.yn.gov.cn），2018年化工行业运行情况，氯化钾平均出厂价
9	有机质价格	元/吨	969.86	根据中国农资网（www.ampcn.com）2018年鸡粪有机肥的平均价格
10	固碳价格	元/吨	919.82	采用2018年瑞典碳税价格：139美元/吨二氧化碳，人民币兑美元汇率依据国家统计局《2018年国民经济和社会发展统计公报》，全年人民币平均汇率为6.6174计算
11	制造氧气价格	元/吨	1591.96	采用中华人民共和国国家卫生和计划生育委员会网站（htto://www.nhfpc.gov.cn/)2007年春季氧气平均价格(1000元/吨)，再根据贴现率转换为2018年的价格
12	负离子生产费用	元/10^{18}个	9.07	根据企业生产的使用范围30平方米（房间高3米）、功率为6瓦、负离子浓度1000000个/立方米、使用寿命为10年、价格每个65元的KLD-2000型负离子发生器而推断获得，其中负离子寿命为10分钟，根据《中国能源发展报告（2018）》，2018年中国平均销售电价为0.60元/千瓦时

（续）

编号	名称	单位	2018年价格	来源及依据
13	二氧化硫治理费用	元/千克	1.26	根据第十二届全国人大常务委员会通过的《中华人民共和国环境保护税法》大气污染物当量值中二氧化硫、氮氧化物和氟化物污染当量值和云南省人大通过的应税污染物应税额度计算得到
14	氟化物治理费用	元/千克	1.38	
15	氮氧化物治理费用	元/千克	1.26	
16	降尘清理费用	元/千克	0.30	根据第十二届全国人大常务委员会通过的《中华人民共和国环境保护税法》大气污染物当量值中一般性粉尘当量值和云南省人大通过的应税污染物应税额度得到
17	PM_{10}清理费用	元/千克	2.03	根据第十二届全国人大常务委员会通过的《中华人民共和国环境保护税法》大气污染物当量值中炭黑尘污染当量值和云南省人大通过的应税污染物应税额度得到
18	$PM_{2.5}$清理费用	元/千克	2.03	
19	生物多样性保护价值	元/(公顷·年)	—	根据Shannon-Wiener指数计算生物多样性保护价值，即：Shannon-Wiener指数<1时，$S_{生}$为3000元/(公顷·年)；1≤Shannon-Wiener指数＜2，$S_{生}$为5000元/(公顷·年)；2≤Shannon-Wiener指数＜3，$S_{生}$为10000元/(公顷·年)；3≤Shannon-Wiener指数＜4，$S_{生}$为20000元/(公顷·年)；4≤Shannon-Wiener指数＜5，$S_{生}$为30000元/(公顷·年)；5≤Shannon-Wiener指数＜6，$S_{生}$为40000元/(公顷·年)；Shannon-Wiener指数≥6时，$S_{生}$为50000元/(公顷·年)

“中国森林生态系统连续观测与清查及绿色核算”系列丛书目录

1．安徽省森林生态连清与生态系统服务研究，出版时间：2016年3月
2．吉林省森林生态连清与生态系统服务研究，出版时间：2016年7月
3．黑龙江省森林生态连清与生态系统服务研究，出版时间：2016年12月
4．上海市森林生态连清体系监测布局与网络建设研究，出版时间：2016年12月
5．山东省济南市森林与湿地生态系统服务功能研究，出版时间：2017年3月
6．吉林省白石山林业局森林生态系统服务功能研究，出版时间：2017年6月
7．宁夏贺兰山国家级自然保护区森林生态系统服务功能评估，出版时间：2017年7月
8．陕西省森林与湿地生态系统治污减霾功能研究，出版时间：2018年1月
9．上海市森林生态连清与生态系统服务研究，出版时间：2018年3月
10．辽宁省生态公益林资源现状及生态系统服务功能研究，出版时间：2018年10月
11．森林生态学方法论，出版时间：2018年12月
12．内蒙古呼伦贝尔市森林生态系统服务功能及价值研究，出版时间：2019年7月
13．山西省森林生态连清与生态系统服务功能研究，出版时间：2019年7月
14．山西省直国有林森林生态系统服务功能研究，出版时间：2019年7月
15．内蒙古大兴安岭重点国有林管理局森林与湿地生态系统服务功能研究与价值评估，出版时间：2020年4月
16．山东省淄博市原山林场森林生态系统服务功能及价值研究，出版时间：2020年4月
17．广东省林业生态连清体系网络布局与监测实践，出版时间：2020年6月
18．森林氧吧监测与生态康养研究——以黑河五大连池风景区为例，出版时间：2020年7月
19．辽宁省森林、湿地、草地生态系统服务功能评估，出版时间：2020年7月
20．贵州省森林生态连清监测网络构建与生态系统服务功能研究，出版时间：2020年12月
21．云南省林草资源生态连清体系监测布局与建设规划，出版时间：2021年8月
22．云南省昆明市海口林场森林生态系统服务功能研究，出版时间：2021年9月